Carlos E. Baldelomar
Karina M. Vilchez
Yaoska S. Méndez

Redes Neuronales

Carlos E. Baldelomar
Karina M. Vilchez
Yaoska S. Méndez

Redes Neuronales

En la Gestión del Riesgo Crediticio

Editorial Académica Española

Imprint
Any brand names and product names mentioned in this book are subject to trademark, brand or patent protection and are trademarks or registered trademarks of their respective holders. The use of brand names, product names, common names, trade names, product descriptions etc. even without a particular marking in this work is in no way to be construed to mean that such names may be regarded as unrestricted in respect of trademark and brand protection legislation and could thus be used by anyone.

Cover image: www.ingimage.com

Publisher:
Editorial Académica Española
is a trademark of
Dodo Books Indian Ocean Ltd. and OmniScriptum S.R.L publishing group

120 High Road, East Finchley, London, N2 9ED, United Kingdom
Str. Armeneasca 28/1, office 1, Chisinau MD-2012, Republic of Moldova, Europe
Managing Directors: Ieva Konstantinova, Victoria Ursu
info@omniscriptum.com

Printed at: see last page
ISBN: 978-620-0-01193-0

Contenido

Prólogo

En la era de la información y la transformación digital, la gestión del riesgo financiero se enfrenta a retos y oportunidades sin precedentes. Las redes neuronales, como parte fundamental del desarrollo de la inteligencia artificial, han emergido como una de las herramientas más poderosas para abordar la complejidad inherente a la evaluación del riesgo crediticio. Este libro, "Redes Neuronales en la Gestión de Riesgo Crediticio", tiene como objetivo proporcionar una visión general de cómo estas tecnologías transforman la industria financiera, mejorando la capacidad de las instituciones para evaluar el riesgo de manera más precisa y efectiva.

El libro comienza con una introducción accesible y bien fundamentada sobre los conceptos básicos de las redes neuronales artificiales, incluyendo la estructura de capas de entrada, ocultas y de salida, así como el funcionamiento de los algoritmos de aprendizaje. Esta base conceptual es esencial para que los lectores comprendan cómo las redes neuronales aprenden a identificar patrones complejos en grandes volúmenes de datos, un proceso clave en la evaluación del riesgo crediticio.

La historia y evolución de las redes neuronales también se presenta de manera detallada, destacando los hitos que han permitido a estas tecnologías pasar de ser simples modelos matemáticos a herramientas robustas de predicción y análisis. Desde las ideas pioneras de Warren McCulloch y Walter Pitts hasta los avances en la retropropagación liderados por David Rumelhart y Geoffrey Hinton, los autores nos llevan a través de un recorrido histórico que contextualiza el impacto actual de las redes neuronales en el sector financiero.

Uno de los principales aportes de este libro es su enfoque en las aplicaciones prácticas de las redes neuronales dentro de la industria financiera, particularmente en la gestión del crédito. Se exploran diversas arquitecturas de redes, como las redes feedforward y las redes recurrentes, y se analiza cómo cada una de ellas puede ser útil para resolver problemas específicos del ámbito crediticio. La capacidad de estas redes para aprender de datos históricos y adaptarse a nuevas circunstancias resulta esencial para mejorar la precisión en la evaluación de solicitantes de crédito, permitiendo una mayor eficiencia en la toma de decisiones y minimizando el riesgo de morosidad.

Los autores también abordan los retos y limitaciones en la implementación de estas tecnologías, reconociendo la complejidad de los modelos y la importancia de contar con datos de alta calidad y representatividad. La naturaleza de "caja negra" de las redes neuronales y los riesgos de sesgo en los datos se analizan a fondo, ofreciendo recomendaciones sobre técnicas de explicabilidad y transparencia que pueden ayudar a superar estos obstáculos y asegurar que las decisiones tomadas por los modelos sean éticas y comprensibles.

Este libro no solo ofrece una visión técnica de cómo funcionan las redes neuronales, sino que también ilustra cómo su aplicación puede transformar procesos críticos en la industria financiera, como la evaluación del riesgo crediticio, la detección de fraudes y la optimización de portafolios de inversión. Los casos y ejemplos presentados muestran de manera clara cómo estas herramientas permiten a las instituciones financieras adaptarse a un entorno competitivo y en constante cambio, mejorando tanto la eficiencia operativa como la calidad del servicio ofrecido a los clientes.

En definitiva, "Redes Neuronales en la Gestión del Riesgo Crediticio" se presenta como una lectura esencial para académicos, profesionales del sector financiero, y cualquier persona interesada en entender cómo las tecnologías de inteligencia artificial están redefiniendo el análisis del riesgo y la toma de decisiones en las finanzas. Este libro ofrece una combinación única de teoría y práctica, que invita a los lectores a explorar el potencial de las redes neuronales para mejorar la gestión financiera de manera más eficiente, precisa y equitativa.

Capítulo 1

Introducción a las Redes Neuronales y su Aplicación en la Gestión de Crédito

Qué son las redes neuronales: conceptos básicos

Las redes neuronales artificiales (RNA) son modelos computacionales inspirados en el funcionamiento del cerebro humano. Están formadas por capas de nodos interconectados, también denominados "neuronas", que trabajan de manera colaborativa para aprender patrones complejos a partir de datos. Estas redes están organizadas en tres tipos de capas principales: la capa de entrada, que recibe los datos iniciales; las capas ocultas, donde se realiza el procesamiento complejo y la capa de salida, que proporciona los resultados finales (Del Carpio Gallegos, 2005), en la **Figura 1**.

Figura 1: Capas de Redes Neuronales

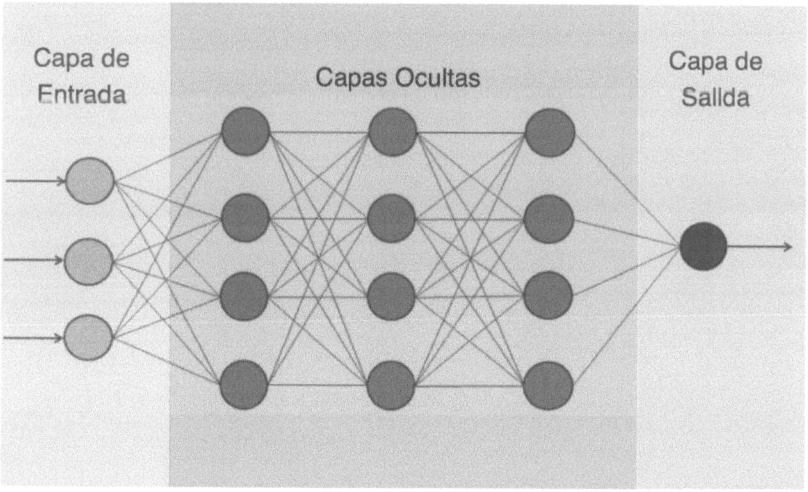

Fuente*:* https://aprendeia.com/que-son-las-redes-neuronales-artificiales/

Capa de entrada

La capa de entrada es la primera capa de la red neuronal y tiene como función recibir los datos brutos que serán procesados. Cada nodo en esta capa representa una característica específica del conjunto de datos de entrada. La capa de entrada no realiza ningún tipo de procesamiento complejo; simplemente distribuye la información recibida hacia las siguientes capas de la red para su posterior análisis.

Capas ocultas

Las capas ocultas son aquellas ubicadas entre la capa de entrada y la capa de salida. Estas capas son responsables del procesamiento de la información. Cada nodo de una capa oculta recibe señales de los nodos de la capa anterior, aplica un peso y una función de activación como se muestra en la **Figura 2** (como la función sigmoide, ReLU o tanh) y transmite el resultado a la siguiente capa. Las capas ocultas permiten que la red capture patrones complejos y relaciones no lineales presentes en los datos, lo cual es fundamental para tareas de clasificación y predicción.

Figura 2: Función sigmoide, ReLU o tanh

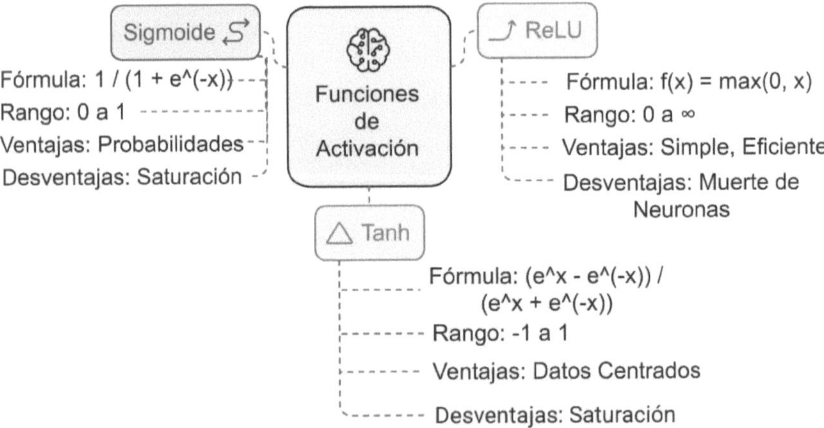

Fuente: Elaboración Propia

Capa de salida

La capa de salida es la capa final de la red neuronal. Su función es producir la salida o predicción basada en el procesamiento realizado por las capas ocultas. Cada nodo en la capa de salida representa una posible clase o valor de salida. Dependiendo de la naturaleza del problema, la capa de salida puede tener una única neurona (en problemas de regresión) o múltiples neuronas (en problemas de clasificación). Este proceso de propagación hacia adelante y ajuste iterativo de los pesos permite a las redes neuronales "aprender" y generalizar a partir de ejemplos. Este mecanismo emula la transmisión sináptica entre neuronas biológicas, permitiendo a las redes neuronales realizar tareas de clasificación, regresión y predicción con gran efectividad (Aldabas-Rubira, 2002).

El aprendizaje de las redes neuronales se basa en el ajuste iterativo de los pesos de las conexiones entre nodos mediante un proceso denominado entrenamiento. Durante el entrenamiento, se utiliza un conjunto de datos llamado conjunto de entrenamiento, que permite que la red ajuste sus parámetros internos con el objetivo de minimizar el error en sus predicciones. Este proceso implica múltiples iteraciones en las que la red compara su salida con los valores reales, calcula el error y ajusta los pesos de las conexiones para reducir dicha discrepancia.

La retropropagación del error es uno de los algoritmos más importantes en este proceso de aprendizaje como se ve en la **Figura 3**. Este algoritmo permite calcular cómo los errores se distribuyen hacia atrás a través de la red, y luego se utilizan estos cálculos para actualizar los pesos de cada conexión. El algoritmo de retropropagación utiliza el gradiente del error respecto a cada peso para determinar la dirección y magnitud del ajuste necesario. Técnicas de optimización, como el descenso del gradiente estocástico, son empleadas para hacer estos ajustes, permitiendo que la red encuentre una configuración de pesos que minimice el error total. Esta técnica es especialmente eficiente en redes multicapa, donde las interacciones entre múltiples capas ocultas permiten modelar patrones complejos.

Figura 3: Proceso de Retropropagación en Redes Neuronales

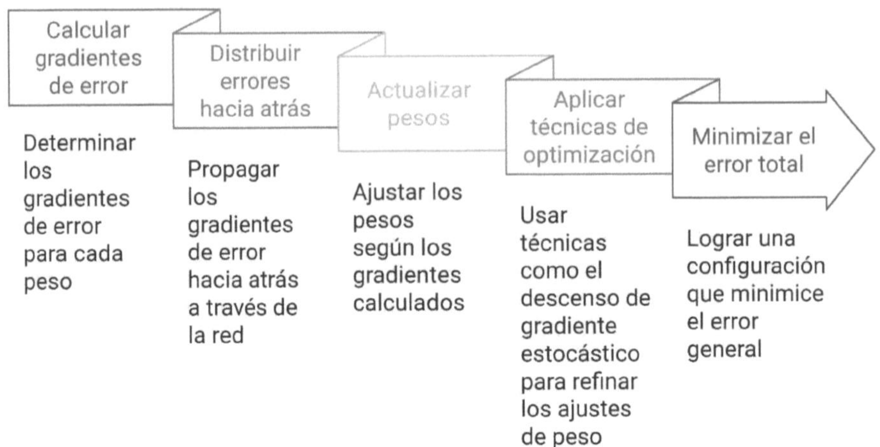

Fuente: Elaboración Propia

Gracias a este proceso iterativo y basado en el ajuste de pesos, las redes neuronales pueden aprender y descubrir relaciones complejas y no lineales entre las variables de entrada. Esto las hace particularmente útiles para una amplia variedad de tareas que requieren la detección de patrones sutiles en grandes cantidades de datos, tales como la predicción del riesgo crediticio, donde se evalúa la probabilidad de incumplimiento de un solicitante de crédito, el reconocimiento de imágenes, donde es necesario identificar características específicas en fotografías o videos, y el procesamiento del lenguaje natural, que implica comprender y generar texto humano de manera efectiva.

Los modelos de redes neuronales son capaces de reconocer patrones no lineales, lo que los hace ideales para abordar problemas complejos en el ámbito de las finanzas, incluyendo la gestión del riesgo crediticio. Estas capacidades no solo permiten el desarrollo de modelos robustos, sino que también proporcionan la flexibilidad necesaria para generalizar a partir de datos históricos y adaptarse a escenarios cambiantes, lo cual es crucial para hacer frente a la naturaleza dinámica de los mercados financieros. Las redes neuronales, a diferencia de los modelos estadísticos tradicionales, pueden identificar relaciones no evidentes y adaptarse a cambios inesperados en los patrones de datos, lo que resulta en una mayor precisión y adaptabilidad.

Las redes neuronales son especialmente útiles para predecir comportamientos financieros, como la probabilidad de incumplimiento, y clasificar a los solicitantes de crédito en categorías de riesgo, lo que facilita la toma de decisiones basadas en datos reales (Toro Ocampo, Mejía Giraldo & Salazar Isaza, 2004). Por ejemplo, al analizar los perfiles de los solicitantes de crédito, estas redes pueden combinar variables complejas como historial crediticio, ingresos y características demográficas para generar una puntuación de riesgo más precisa. Esto permite a las instituciones financieras optimizar la concesión de créditos y reducir la probabilidad de morosidad.

Según Méndez Araya (2009), las redes neuronales representan un conjunto de elementos de procesamiento interconectados que imitan el proceso de adquisición de conocimiento del cerebro humano. Este paralelismo con el funcionamiento del cerebro humano las hace altamente efectivas para la predicción en entornos financieros complejos, ya que son capaces de aprender y adaptar sus parámetros a partir de la experiencia adquirida durante el entrenamiento. De esta manera, las redes neuronales mejoran la precisión y fiabilidad de sus estimaciones con el tiempo, lo cual es esencial para la gestión del riesgo crediticio, donde la capacidad de respuesta a nuevas condiciones del mercado es fundamental (Méndez Araya, 2009). Además, el aprendizaje continuo les permite actualizar sus parámetros cuando se presentan nuevos datos, lo que proporciona una ventaja significativa en un entorno financiero cambiante y competitivo.

Historia y evolución de las redes neuronales

El concepto de las redes neuronales artificiales fue propuesto inicialmente en la década de 1940 por Warren McCulloch y Walter Pitts, quienes desarrollaron un modelo matemático que describía el funcionamiento de las neuronas biológicas como dispositivos lógicos capaces de procesar señales de entrada (McCulloch & Pitts, 1943). Este enfoque matemático permitió conceptualizar las neuronas como unidades binarias que se activan o inhiben dependiendo de ciertos umbrales, sentando las bases para el desarrollo de las redes neuronales artificiales que hoy conocemos. La idea de McCulloch y Pitts fue revolucionaria, ya que planteaba que procesos cognitivos complejos podían ser representados mediante combinaciones de operaciones lógicas simples, lo cual resultó fundamental para el avance en inteligencia artificial.

Posteriormente, en 1949, Donald Hebb introdujo una teoría del aprendizaje conocida como la regla de Hebb, que describía cómo las neuronas podrían modificar sus conexiones en función de la actividad sináptica (Hebb, 1949). Hebb propuso que la conexión entre dos neuronas se fortalece si ambas se activan simultáneamente, una idea que se sintetiza en la frase "las neuronas que se disparan juntas, se conectan juntas". Este principio constituye la base del aprendizaje adaptativo en las redes neuronales modernas, ya que permite que las conexiones entre las neuronas se ajusten de acuerdo con la experiencia, facilitando la formación de patrones complejos. La teoría de Hebb tuvo un impacto profundo en la neurociencia y la inteligencia artificial, ya que introdujo el concepto de plasticidad sináptica, que es esencial para el aprendizaje y la memoria (Ruiz & Basualdo, 2001).

En la década de 1980, se produjo un avance significativo con la introducción del algoritmo de retropropagación del error, desarrollado inicialmente por Paul Werbos y luego popularizado por David Rumelhart, Geoffrey Hinton y Ronald Williams, el cual permitió la aplicación práctica de redes multicapa para resolver problemas complejos de aprendizaje supervisado (Werbos, 1974; Rumelhart, Hinton & Williams, 1986). La retropropagación del error es un algoritmo clave que permite ajustar los pesos de las conexiones de manera eficiente, minimizando el error de las predicciones de la red a través del uso del descenso del gradiente. Este avance fue fundamental para superar las limitaciones de los primeros modelos de perceptrón, que no podían resolver problemas no linealmente separables.

Gracias a la retropropagación, las redes neuronales multicapa, también conocidas como redes de perceptrones multicapa (MLP), se volvieron mucho más poderosas y capaces de modelar relaciones complejas entre las entradas y las salidas. Este avance no solo permitió la resolución de problemas de clasificación más sofisticados, sino que también facilitó la predicción de datos en ámbitos como el reconocimiento de voz, la visión por computadora y la gestión de riesgos financieros. La disponibilidad de potentes sistemas de computación, como las unidades de procesamiento gráfico (GPUs), y el acceso a grandes volúmenes de datos a lo largo de las últimas décadas han propiciado el resurgimiento y el éxito de las redes neuronales en numerosos campos, incluyendo el financiero (Ramírez & Chacón, 2011).

El uso de redes neuronales en el ámbito financiero ha resultado particularmente beneficioso para la evaluación de riesgos y la predicción de comportamiento de mercado, gracias a su capacidad para aprender de grandes volúmenes de datos históricos y detectar patrones complejos que serían difíciles de identificar mediante métodos tradicionales. Este resurgimiento ha sido impulsado también por la creciente capacidad de almacenamiento de datos y el desarrollo de algoritmos de optimización más eficientes, que han hecho que el entrenamiento de redes neuronales profundas sea más rápido y efectivo.

Aplicaciones generales de las redes neuronales en la industria

Las redes neuronales se han empleado exitosamente en diversas industrias debido a su capacidad para modelar y resolver problemas complejos mediante el aprendizaje de patrones ocultos en los datos. Gracias a su estructura y capacidad para aprender a partir de ejemplos, las redes neuronales pueden identificar características no evidentes y capturar relaciones no lineales que serían difíciles de detectar mediante métodos tradicionales. Esto les permite ofrecer soluciones innovadoras en diversos sectores y contextos.

En el sector salud, por ejemplo, se utilizan en el diagnóstico de enfermedades, aprovechando su capacidad para analizar imágenes médicas y otros datos clínicos con gran precisión. Las redes neuronales han demostrado ser especialmente útiles en la detección de anomalías en radiografías, resonancias magnéticas y tomografías, permitiendo a los profesionales de la salud identificar signos tempranos de patologías como el cáncer o enfermedades cardiovasculares. Además, se emplean en el análisis de registros electrónicos de salud, ayudando a los médicos a tomar decisiones mejor fundamentadas basadas en patrones históricos y datos de pacientes (Ramírez & Chacón, 2011).

En la industria del comercio minorista, estas redes permiten predecir comportamientos de consumo y personalizar las ofertas para cada cliente. A través del análisis de datos de compra, historial de navegación y preferencias individuales, las redes neuronales pueden segmentar a los clientes y prever sus necesidades, mejorando la eficiencia de las estrategias de marketing y aumentando la fidelización. Por ejemplo, los sistemas de recomendación que utilizan grandes plataformas de comercio electrónico se basan en redes neuronales para sugerir productos que se adapten a los intereses y necesidades particulares de cada usuario, lo cual incrementa las tasas de conversión y mejora la experiencia del cliente (Aldabas-Rubira, 2002).

Además, en el sector industrial, las redes neuronales se han aplicado para el mantenimiento predictivo de maquinaria. Analizando datos históricos de sensores y registros operativos, estas redes pueden prever fallos o averías antes de que ocurran, permitiendo a las empresas reducir tiempos de inactividad, optimizar el rendimiento de sus operaciones, y reducir costos asociados al mantenimiento reactivo. Este enfoque predictivo es fundamental para industrias que dependen de la continuidad operativa, ya que permite planificar el mantenimiento de manera eficiente y minimizar las interrupciones inesperadas.

En el ámbito financiero, las redes neuronales han mostrado ser particularmente útiles para la detección de fraudes, la predicción de precios de activos, la gestión de crédito y la optimización de portafolios. En la detección de fraudes, las redes neuronales son capaces de analizar patrones de comportamiento financiero y transacciones en tiempo real, identificando actividades sospechosas que podrían ser indicativas de fraude. Gracias a su capacidad de aprender y adaptarse a nuevas tácticas fraudulentas, estas redes son una herramienta poderosa para garantizar la seguridad financiera de instituciones y clientes. En el ámbito de la predicción de precios de activos, las redes neuronales son empleadas para analizar series temporales y detectar patrones históricos en los precios, facilitando la predicción de movimientos futuros del mercado, lo cual ayuda a los inversionistas a tomar decisiones más informadas y a minimizar riesgos.

En la gestión de crédito, las redes neuronales se utilizan para evaluar el perfil de riesgo de los solicitantes, considerando múltiples variables socioeconómicas y financieras para determinar la probabilidad de incumplimiento. Estos modelos permiten realizar un análisis integral de cada solicitante, incorporando información como el historial crediticio, los ingresos, las características demográficas, y el comportamiento pasado en relación con pagos. Esta evaluación exhaustiva genera una puntuación de riesgo más precisa que los métodos tradicionales, lo cual contribuye a optimizar la concesión de créditos, minimizar las pérdidas por morosidad y ofrecer mejores condiciones crediticias a cada cliente, ajustadas a su perfil de riesgo específico como lo podemos ver la **Figura 4**.

Figura 4: Factores que Contribuyen a la Evaluación del Riesgo Crediticio

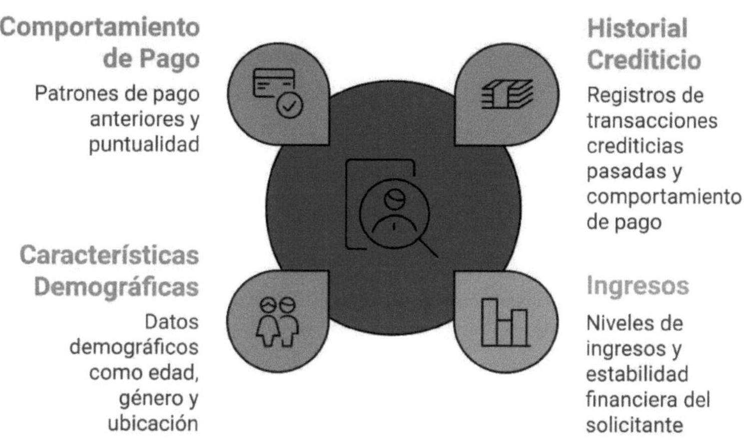

Fuente: Elaboración Propia

Asimismo, las redes neuronales han comenzado a ser utilizadas en la optimización de portafolios de inversión. Estos modelos permiten analizar simultáneamente una gran cantidad de activos y sus correlaciones para construir un portafolio que maximice la rentabilidad y minimice el riesgo. Mediante el análisis de datos históricos y la identificación de patrones, las redes neuronales son capaces de generar estrategias de inversión más adaptativas, ajustándose a cambios del mercado y mejorando el rendimiento del portafolio.

De acuerdo con Guerrero et al. (2024), la incorporación de la inteligencia artificial, incluidas las redes neuronales, ha permitido automatizar muchas de las tareas financieras, mejorando tanto la precisión como la rapidez en la toma de decisiones (Guerrero et al., 2024). En el ámbito de la evaluación del riesgo crediticio, la utilización de redes neuronales ha facilitado la creación de modelos más precisos y adaptativos que permiten analizar una gran cantidad de variables de manera simultánea. Estas variables pueden incluir tanto aspectos financieros tradicionales, como el historial de pagos y la relación deuda-ingreso, como factores adicionales menos convencionales, tales como el comportamiento en redes sociales o patrones de consumo.

Este enfoque integral permite a las instituciones financieras generar perfiles de riesgo mucho más detallados y específicos para cada solicitante, lo que a su vez conduce a decisiones más informadas y personalizadas. Por ejemplo, las redes neuronales pueden identificar patrones complejos que indican una alta probabilidad de incumplimiento, incluso cuando ciertos indicadores financieros tradicionales no parecen mostrar riesgo. Esto proporciona una ventaja competitiva significativa, ya que permite anticipar posibles problemas de morosidad con mayor efectividad.

Además, la capacidad de aprendizaje continuo de las redes neuronales permite a los modelos actualizarse automáticamente cuando se incorporan nuevos datos, asegurando así que las evaluaciones de riesgo se mantengan precisas a lo largo del tiempo. Esta adaptabilidad es crucial en un entorno financiero dinámico, donde las condiciones del mercado y los comportamientos de los consumidores pueden cambiar rápidamente. Como resultado, las instituciones financieras pueden reducir las tasas de morosidad y optimizar su cartera de créditos, ofreciendo condiciones adecuadas para cada perfil de riesgo de manera eficiente.

Esto no solo ha mejorado la eficiencia operativa de las instituciones financieras, sino que también ha incrementado la calidad de los servicios ofrecidos, permitiendo a los clientes obtener respuestas más rápidas y confiables en procesos críticos, como la evaluación del riesgo crediticio y la gestión de inversiones.

La gestión de crédito: retos y oportunidades

La gestión del crédito tiene como objetivo principal evaluar la capacidad de un solicitante para cumplir con las obligaciones de pago derivadas de un préstamo. Este proceso es fundamental para mitigar el riesgo financiero y garantizar la sostenibilidad de las instituciones financieras. Una evaluación adecuada del riesgo crediticio no solo permite a las instituciones protegerse contra pérdidas potenciales, sino también optimizar su cartera de créditos, contribuyendo así a la estabilidad y rentabilidad del sistema financiero en su conjunto.

Tradicionalmente, la evaluación del crédito se ha basado en modelos estadísticos clásicos que aplican reglas rígidas para clasificar a los solicitantes, como el análisis de ratios financieros o el cálculo de puntuaciones de crédito utilizando algoritmos de regresión logística. Estos enfoques son útiles cuando se dispone de datos estructurados y relaciones lineales entre las variables. Sin embargo, presentan limitaciones significativas, especialmente cuando se trata de manejar grandes volúmenes de datos complejos y no estructurados, como datos transaccionales, registros históricos o características cualitativas difíciles de cuantificar (Toro Ocampo et al., 2004).

Las redes neuronales ofrecen una alternativa poderosa para superar estos desafíos. Gracias a su capacidad para aprender patrones ocultos y relaciones no lineales en los datos, las redes neuronales pueden realizar predicciones más precisas incluso en entornos complejos y cambiantes. Una de las principales ventajas de estos modelos es su habilidad para manejar y procesar grandes volúmenes de datos, lo que permite extraer información valiosa a partir de diversas fuentes de datos heterogéneas, integrando tanto variables financieras tradicionales como datos no estructurados. Estos datos pueden incluir el comportamiento de consumo, las interacciones en redes sociales, historial crediticio, transacciones recientes y hasta características demográficas que los modelos estadísticos tradicionales no suelen incorporar.

Este enfoque integral mejora significativamente la capacidad predictiva de los modelos, ya que tiene en cuenta una amplia variedad de factores que contribuyen a la probabilidad de incumplimiento de un solicitante. Por ejemplo, mientras los modelos tradicionales se centran principalmente en el historial financiero y el puntaje de crédito, las redes neuronales pueden considerar patrones de comportamiento en el uso de tarjetas de crédito, gastos en bienes no esenciales y hasta la frecuencia de pagos en otros tipos de servicios. Esto brinda una visión más completa y contextual del perfil de riesgo de cada solicitante, ayudando a las instituciones financieras a tomar decisiones más informadas y específicas.

Además, las redes neuronales pueden actualizar sus modelos de manera dinámica conforme se reciben nuevos datos, lo cual es crucial para reflejar la evolución del comportamiento financiero de los clientes y ajustarse rápidamente a las condiciones cambiantes del mercado. Esto asegura que las evaluaciones de riesgo crediticio sean siempre actuales y relevantes, reduciendo la probabilidad de errores en la clasificación de los solicitantes. En un entorno financiero donde los cambios pueden ocurrir de manera súbita, la capacidad de las redes neuronales para adaptarse continuamente proporciona una ventaja competitiva considerable. Asimismo, la automatización de estos procesos contribuye a reducir el tiempo de respuesta en la evaluación crediticia, ofreciendo a los clientes una experiencia más rápida y eficiente.

Estas capacidades permiten no solo mejorar la calificación crediticia, sino también detectar posibles fraudes y comportamientos anómalos, lo cual es clave en la gestión de riesgos (Van Greuning, 2009). Las redes neuronales pueden analizar grandes volúmenes de transacciones en tiempo real, detectando patrones sospechosos que podrían indicar actividades fraudulentas, como transacciones inusuales o inconsistencias en el comportamiento del usuario. Esta capacidad de detección temprana es esencial para minimizar pérdidas financieras y proteger tanto a las instituciones como a sus clientes.

Además, las redes neuronales se adaptan bien a las demandas actuales de la industria financiera, que requiere de sistemas capaces de tomar decisiones rápidas y precisas para ofrecer una ventaja competitiva. La naturaleza dinámica del sector financiero exige que los modelos sean capaces de actualizarse y ajustarse rápidamente a los cambios del mercado y al comportamiento de los clientes. La capacidad de aprendizaje continuo de las redes neuronales permite que estos modelos mejoren su precisión a medida que se recopilan nuevos datos, manteniendo las evaluaciones siempre pertinentes y adaptadas a las circunstancias actuales.

Por ejemplo, cuando se introducen nuevos tipos de productos financieros o cambian las condiciones macroeconómicas, las redes neuronales pueden recalibrar sus modelos para reflejar estos cambios, asegurando así que las evaluaciones de riesgo sean precisas y actualizadas. Esto resulta en una reducción de las tasas de morosidad, ya que las decisiones de concesión de crédito están mejor fundamentadas y alineadas con el perfil de riesgo actual de cada solicitante. Al mismo tiempo, la optimización de los recursos financieros se ve beneficiada, ya que se asignan de manera más eficiente a aquellos clientes con un perfil adecuado, lo cual mejora la rentabilidad general de las instituciones financieras (Ramírez & Chacón, 2011).

Las redes neuronales ofrecen una alternativa poderosa para superar estos desafíos, ya que tienen la capacidad de aprender patrones ocultos en los datos y realizar predicciones precisas incluso en entornos complejos y cambiantes.

Además, las redes neuronales permiten una mejora sustancial en la evaluación del riesgo crediticio, ya que incorporan datos de múltiples fuentes, incluyendo datos financieros tradicionales, historial crediticio, y otros indicadores más complejos, como el comportamiento en redes sociales y patrones de consumo. Al combinar y analizar estos factores, las redes neuronales pueden generar puntuaciones de riesgo más precisas que los métodos tradicionales, lo cual resulta en una evaluación más justa y fundamentada de los solicitantes de crédito. Esta capacidad para integrar información heterogénea es particularmente valiosa en la actualidad, donde los clientes presentan perfiles financieros cada vez más diversos y complejos.

Las oportunidades que ofrecen las redes neuronales en la industria financiera no se limitan solo a la evaluación de riesgos y la detección de fraudes, sino que también incluyen la optimización de los procesos operativos. Las redes neuronales se adaptan bien a las demandas actuales de la industria, que requiere sistemas capaces de tomar decisiones rápidas y precisas, ofreciendo una ventaja competitiva significativa. La capacidad de aprendizaje continuo de las redes neuronales permite actualizar los modelos con datos nuevos de forma dinámica, lo cual asegura que las evaluaciones de riesgo se mantengan relevantes y ajustadas a las condiciones cambiantes del mercado (Ramírez & Chacón, 2011).

Sin embargo, implementar redes neuronales también presenta desafíos significativos. Entre ellos se encuentra la complejidad inherente de los modelos, que pueden ser difíciles de interpretar, lo cual afecta la transparencia en la toma de decisiones. Esto ha generado preocupaciones regulatorias, ya que las instituciones financieras deben ser capaces de explicar cómo y por qué se tomó una determinada decisión. La naturaleza de “caja negra” de las redes neuronales plantea un desafío en cuanto a la confianza y el cumplimiento normativo, particularmente en situaciones donde se requiere justificar el rechazo de un crédito. Además, existe el riesgo de introducir sesgos en los modelos si los datos de entrenamiento no son representativos o están sesgados, lo cual puede llevar a decisiones discriminatorias.

A pesar de estos desafíos, las oportunidades que ofrecen las redes neuronales en la gestión de riesgos crediticios son considerables. Su capacidad para procesar grandes volúmenes de datos, identificar patrones complejos, y adaptar los modelos en tiempo real proporciona a las instituciones financieras una herramienta poderosa para mejorar la calidad de sus decisiones, reducir el riesgo y optimizar sus operaciones. La clave para aprovechar estas oportunidades radica en equilibrar la innovación tecnológica con medidas que aseguren la transparencia, equidad y cumplimiento normativo, garantizando así que las redes neuronales se utilicen de manera responsable y ética.

El impacto de la inteligencia artificial en la toma de decisiones financieras

La incorporación de la inteligencia artificial (IA) y, en particular, de las redes neuronales, ha transformado significativamente el sector financiero. La IA facilita la automatización de procesos complejos, como la evaluación de riesgos, la aprobación de solicitudes de crédito, y la gestión de portafolios de inversión, mejorando la eficiencia, precisión y velocidad de las decisiones (Ruiz & Basualdo, 2001). Las redes neuronales, al aprender patrones complejos de grandes volúmenes de datos históricos, proporcionan una base sólida para la toma de decisiones informadas. Estas capacidades permiten anticipar problemas potenciales, como la probabilidad de incumplimiento de un préstamo o la detección de comportamientos fraudulentos, que serían difíciles de identificar mediante métodos tradicionales (Sosa Sierra, 2007).

El impacto de la IA se extiende a múltiples aspectos de la industria financiera, destacándose en la personalización de servicios y la mejora en la gestión de riesgos. En la evaluación del riesgo crediticio, las redes neuronales permiten analizar simultáneamente una amplia variedad de datos, desde información financiera tradicional hasta datos alternativos como comportamiento en redes sociales y patrones de consumo. Esto permite generar modelos más robustos y precisos que se adaptan mejor a los perfiles cambiantes de los consumidores, y que ofrecen una visión más detallada y contextual de cada solicitante de crédito. Además, la capacidad de las redes neuronales para aprender de manera continua y ajustar sus modelos con nuevos datos las hace extremadamente útiles en un entorno financiero dinámico donde las condiciones macroeconómicas y comportamientos del cliente pueden cambiar rápidamente.

La IA también ha potenciado la eficiencia operativa de las instituciones financieras mediante la automatización de tareas que antes eran manuales y requerían mucho tiempo, como la clasificación de solicitudes de crédito, el análisis de documentos financieros, y la gestión de la atención al cliente. Gracias a los avances en el procesamiento del lenguaje natural (PLN), los chatbots y asistentes virtuales ahora son capaces de ofrecer soporte al cliente de forma inmediata y personalizada, respondiendo consultas frecuentes y agilizando trámites. Esto no solo mejora la experiencia del cliente, sino que también libera recursos humanos que pueden ser redirigidos a tareas más complejas y de mayor valor agregado.

En la optimización de portafolios, las redes neuronales ayudan a identificar correlaciones complejas entre diferentes activos y a generar estrategias de inversión que maximizan la rentabilidad y minimizan el riesgo. Este enfoque adaptativo permite que los modelos sean más resilientes frente a fluctuaciones inesperadas del mercado, proporcionando a los inversores herramientas avanzadas para la gestión de sus activos. Al analizar grandes volúmenes de datos históricos y macroeconómicos, las redes neuronales pueden detectar patrones emergentes que indican cambios de tendencia, permitiendo a los gestores de fondos ajustar sus estrategias de manera proactiva.

Sin embargo, la implementación de redes neuronales en el sector financiero no está exenta de desafíos. Uno de los principales retos es la falta de transparencia, ya que estos modelos funcionan como una "caja negra", lo cual dificulta la interpretación de los resultados y la explicación de las decisiones tomadas. En muchos casos, incluso los desarrolladores y expertos en la materia tienen dificultades para entender cómo una red neuronal ha llegado a una conclusión específica debido a la complejidad de las interacciones entre sus múltiples capas y pesos. Este aspecto es particularmente problemático en el sector financiero, donde la claridad y la responsabilidad son esenciales, sobre todo cuando se trata de decisiones que afectan directamente a los consumidores, como la aprobación o el rechazo de una solicitud de crédito. La falta de explicabilidad puede generar desconfianza tanto entre los clientes como entre los reguladores, ya que los afectados necesitan comprender por qué se les niega o aprueba un crédito.

Otro desafío importante es el riesgo de sesgo algorítmico. Si los datos utilizados para entrenar a la red contienen sesgos históricos, estos pueden ser amplificados por la red, llevando a decisiones injustas o discriminatorias. Por ejemplo, si en el pasado ciertos grupos demográficos han tenido menos acceso al crédito, el modelo podría aprender este patrón y perpetuarlo, discriminando de manera automática y no intencionada a dichos grupos. Este problema es particularmente relevante en el contexto financiero, donde el acceso equitativo al crédito es crucial para la inclusión social y económica.

Además, la infraestructura técnica necesaria para entrenar y operar redes neuronales a gran escala representa otro desafío. Las redes neuronales profundas requieren una enorme capacidad de procesamiento y almacenamiento de datos, lo que implica una inversión significativa en infraestructura tecnológica. Esta necesidad de recursos computacionales puede ser un obstáculo para algunas instituciones financieras, especialmente aquellas de menor tamaño que no tienen acceso a recursos tecnológicos avanzados.

Por otro lado, la implementación de redes neuronales también enfrenta desafíos relacionados con el cumplimiento normativo. Los entornos regulatorios en el sector financiero son estrictos y tienden a evolucionar lentamente en comparación con el rápido desarrollo de la tecnología. Esto genera una desconexión entre la capacidad de innovación que ofrecen las redes neuronales y las limitaciones impuestas por las regulaciones existentes. Las instituciones financieras deben asegurarse de que el uso de estas tecnologías cumpla con todas las normativas vigentes, lo cual puede requerir un esfuerzo considerable en términos de documentación, pruebas y justificación de los modelos utilizados.

Para superar estos desafíos, es crucial adoptar enfoques que garanticen la transparencia y la equidad en el uso de redes neuronales. Esto incluye el desarrollo de técnicas de explicabilidad que permitan a los modelos de redes neuronales ofrecer interpretaciones más comprensibles sobre cómo llegan a sus decisiones. Herramientas como LIME (Local Interpretable Model-agnostic Explanations) y SHAP (SHapley Additive exPlanations) están siendo cada vez más utilizadas para proporcionar explicaciones locales de las predicciones, ayudando a los usuarios y reguladores a entender los factores que influyeron en una decisión específica. Además, se debe prestar especial atención a la calidad y representatividad de los datos de entrenamiento para mitigar el riesgo de sesgo, así como realizar auditorías periódicas para evaluar el impacto de los modelos en diferentes grupos demográficos.

A pesar de estos desafíos, los beneficios que las redes neuronales aportan al sector financiero son considerables, siempre y cuando se implementen de manera responsable y ética. La clave para aprovechar estas oportunidades radica en equilibrar la innovación tecnológica con medidas que aseguren la transparencia, equidad y cumplimiento normativo, garantizando así que las redes neuronales se utilicen de manera justa y efectiva, en beneficio tanto de las instituciones financieras como de los consumidores.

Capítulo 2

Fundamentos Técnicos de las Redes Neuronales para la Gestión de Crédito

Estructura y funcionamiento de una red neuronal

Las redes neuronales artificiales (RNA) han transformado la evaluación del riesgo crediticio gracias a su capacidad para aprender y modelar patrones complejos en grandes volúmenes de datos. En el contexto de la gestión de crédito, el funcionamiento de una red neuronal se centra en el proceso de aprendizaje automático, que permite a los modelos ajustarse y mejorar continuamente a medida que se exponen a más datos históricos y nuevos. En esta sección se describe el funcionamiento de las capas de una red neuronal, destacando su impacto en la gestión de riesgos crediticios y su capacidad para optimizar la eficiencia y precisión en la toma de decisiones financieras (Del Carpio Gallegos, 2005).

Capa de entrada

En un modelo para la gestión del riesgo crediticio, las neuronas de la capa de entrada podrían representar variables como el historial crediticio del solicitante, sus ingresos mensuales, edad, nivel de educación, ocupación, y otras características demográficas relevantes (Perales Paz, 2024).

La correcta configuración de la capa de entrada es crucial para el desempeño de la red neuronal, ya que una selección inadecuada de variables puede afectar negativamente la capacidad de la red para aprender patrones útiles. Por esta razón, se suelen aplicar técnicas de preprocesamiento de datos antes de introducirlos en la capa de entrada, tales como la normalización y estandarización, con el fin de mejorar la calidad del aprendizaje y asegurar que todas las variables contribuyan adecuadamente al modelo. La calidad de los datos suministrados a la capa de entrada determinará en gran medida la eficacia del modelo en la predicción del riesgo crediticio.

Capas ocultas

En el contexto de la gestión de riesgo crediticio, las capas ocultas permiten analizar de manera profunda cómo interactúan diferentes variables financieras y personales de los solicitantes de crédito. Por ejemplo, estas capas pueden detectar patrones sutiles en los comportamientos de pago de los clientes que podrían indicar una mayor probabilidad de incumplimiento. Además, gracias al uso de algoritmos como la retropropagación del error, la red ajusta sus pesos para minimizar la diferencia entre la salida predicha y el valor real, lo que mejora la precisión del modelo con el tiempo (Pérez Ramírez & Fernández Castaño, 2007).

Capa de salida

En un contexto financiero, la capa de salida puede tener una sola neurona si se está realizando una predicción continua, como la estimación de una puntuación crediticia. Alternativamente, puede tener múltiples neuronas si el objetivo es clasificar al solicitante en diferentes categorías de riesgo, como "bajo riesgo", "riesgo medio" o "alto riesgo" (Melchor Pérez et al., 2024). La salida de la red es utilizada para la toma de decisiones, como aprobar o rechazar una solicitud de crédito, basada en la evaluación del perfil del solicitante.

El funcionamiento conjunto de estas tres capas permite que las redes neuronales sean una herramienta poderosa para la gestión de riesgo crediticio. La capa de entrada facilita la recopilación de datos relevantes, mientras que las capas ocultas permiten el análisis profundo de las interacciones no lineales entre esas variables, capturando patrones complejos y características ocultas que no serían evidentes con métodos tradicionales. Finalmente, la capa de salida sintetiza toda la información procesada para producir una predicción o clasificación que sea fácilmente interpretable por los sistemas de decisión financiera.

Este proceso integrado permite a las redes neuronales analizar grandes volúmenes de datos y detectar relaciones complejas entre múltiples variables, proporcionando a las instituciones financieras la capacidad de realizar predicciones más precisas y fundamentadas. Por ejemplo, las redes pueden identificar perfiles de solicitantes que tienen una alta probabilidad de cumplir con sus obligaciones financieras o aquellos que presentan un mayor riesgo de incumplimiento. Esta capacidad de predicción es esencial no solo para minimizar el riesgo financiero, sino también para optimizar la asignación de créditos, asignando recursos de manera eficiente y mejorando la rentabilidad de la cartera crediticia. Además, al aprender continuamente de los datos históricos y nuevos, las redes neuronales se adaptan a las condiciones cambiantes del mercado, permitiendo a las instituciones financieras mantener modelos de evaluación actualizados y precisos.

Tipos de redes neuronales utilizadas en la gestión de crédito

Existen diversos tipos de redes neuronales que se emplean en la gestión de crédito, cada una con capacidades específicas para resolver problemas complejos los cuales se muestra en la **Figura 5**.

Figura 5: Tipos de Redes Neuronales

Redes Neuronales en la Gestión de Crédito

Redes Neuronales Feedforward (FNN)
Clasificación y Regresión

Redes Neuronales Recurrentes (RNN)
Análisis de Datos Secuenciales

Redes Neuronales Convolucionales (CNN)
Detección de Patrones Complejos

Redes Neuronales de Retroalimentación
Evaluación de Secuencias Financieras

Redes Generativas Antagónicas (GAN)
Generación de Datos Sintéticos

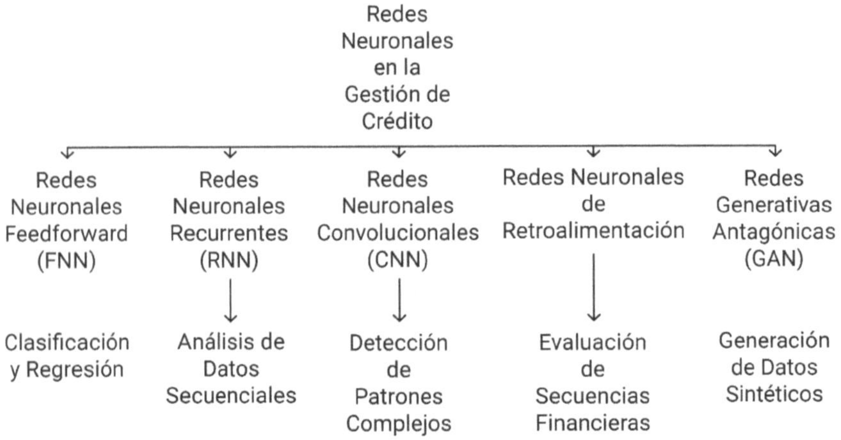

Fuente: Elaboración Propia

Los principales tipos de redes neuronales aplicadas en el contexto crediticio:

Redes Neuronales Feedforward (FNN)

Las redes neuronales feedforward son las más básicas y se utilizan para tareas de clasificación y regresión en el ámbito del riesgo crediticio. Estas redes procesan la información en una sola dirección, desde la capa de entrada hasta la capa de salida, sin ciclos ni retroalimentación. Son útiles para predecir la probabilidad de incumplimiento de un solicitante de crédito, clasificándolo como de bajo, medio o alto riesgo. Debido a su estructura simple, las redes feedforward son fáciles de entrenar y ofrecen una buena interpretabilidad, lo cual es valioso para justificar decisiones ante reguladores financieros.

Redes Neuronales Recurrentes (RNN)

Las redes neuronales recurrentes son adecuadas para el análisis de datos secuenciales y series temporales. En la gestión crediticia, las RNN son útiles para analizar el comportamiento financiero de un cliente a lo largo del tiempo, considerando patrones históricos de pagos, transacciones y otros eventos secuenciales. Su arquitectura permite que la información persista en la red, haciendo que las predicciones dependan del historial pasado. Por ejemplo, una RNN puede ayudar a identificar si un cliente con un historial de pagos puntuales está mostrando signos de posible incumplimiento debido a cambios recientes en su comportamiento financiero. Sin embargo, una limitación de las RNN tradicionales es el problema de desvanecimiento del gradiente, que dificulta el aprendizaje de dependencias a largo plazo. Para superar esto, se utilizan variantes como LSTM (Long Short-Term Memory) y GRU (Gated Recurrent Unit), que mejoran la capacidad de las RNN para capturar patrones a largo plazo en los datos.

Redes Neuronales Convolucionales (CNN)

Aunque las redes neuronales convolucionales se utilizan predominantemente en el reconocimiento de imágenes y procesamiento de datos espaciales, también se pueden adaptar para la gestión crediticia. En el ámbito financiero, las CNN pueden ser útiles para detectar patrones complejos en grandes volúmenes de datos altamente dimensionales. Por ejemplo, una CNN puede ser aplicada para identificar relaciones complejas entre las diversas características de los solicitantes de crédito que no son evidentes mediante un análisis tradicional. Las CNN son capaces de capturar correlaciones entre distintas variables, proporcionando una perspectiva única que puede mejorar la precisión de los modelos predictivos.

Redes Neuronales de Retroalimentación (Feedback Neural Networks)

Las redes de retroalimentación, también conocidas como redes neuronales recurrentes en algunos contextos, tienen conexiones que permiten que la salida de ciertas neuronas sea reintroducida como entrada a la misma capa o capas anteriores. Esta retroalimentación hace que la red tenga una "memoria" temporal, lo cual es útil para evaluar la secuencia de eventos financieros en la historia de un cliente. En la gestión del riesgo crediticio, esta capacidad para recordar patrones previos es particularmente valiosa para predecir comportamientos futuros con base en acciones pasadas.

Redes Neuronales Generativas Adversarias (GAN)

Las GAN son un tipo de red neuronal que consta de dos redes que compiten entre sí: una red generadora y una red discriminadora. Aunque las GAN no se utilizan directamente para clasificar riesgos crediticios, se pueden emplear para generar datos sintéticos que complementen los conjuntos de datos de entrenamiento. En el contexto de la gestión crediticia, esto puede ser útil cuando se dispone de pocos datos etiquetados, permitiendo mejorar la calidad del entrenamiento de otros modelos de redes neuronales.

Cada uno de estos tipos de redes tiene aplicaciones específicas en la gestión de crédito, y la selección del tipo adecuado depende de la naturaleza de los datos y del problema específico que se desea resolver. La combinación de diferentes tipos de redes también es una práctica común para aprovechar las fortalezas de cada una y mejorar así la precisión y robustez de las predicciones.

Algoritmos de aprendizaje supervisado y no supervisado

En el contexto de la gestión del riesgo crediticio, los algoritmos de aprendizaje supervisado y no supervisado desempeñan un papel crucial para mejorar la precisión de los modelos predictivos y ofrecer una evaluación más detallada de los perfiles de riesgo de los solicitantes. A continuación, se analizan los fundamentos y aplicaciones de ambos tipos de aprendizaje en el ámbito de la gestión crediticia.

Aprendizaje Supervisado

El aprendizaje supervisado es un tipo de algoritmo en el que el modelo aprende a partir de un conjunto de datos etiquetados, es decir, cada ejemplo de entrenamiento viene acompañado de un resultado deseado o etiqueta. En el ámbito crediticio, esto podría significar que el conjunto de datos contiene información de solicitantes pasados junto con una etiqueta que indica si el crédito fue pagado exitosamente o si hubo un incumplimiento. A través de estos datos etiquetados, el modelo aprende a establecer relaciones entre las características de los solicitantes (por ejemplo, ingresos, edad, historial de crédito) y el resultado deseado (cumplimiento o incumplimiento).

Algunos de los algoritmos de aprendizaje supervisado más comunes que se emplean en la gestión crediticia incluyen los siguientes:

- **Regresión Logística**: Es uno de los métodos más utilizados en la evaluación de riesgo crediticio debido a su simplicidad y capacidad de interpretar relaciones lineales entre variables. Aunque es más simple que otros métodos, sigue siendo una herramienta eficaz para clasificar a los solicitantes como de alto o bajo riesgo. Además, la regresión logística permite calcular probabilidades, lo cual es muy útil para determinar el grado de riesgo asociado a cada solicitante, proporcionando así una base cuantitativa para la toma de decisiones. Esta interpretabilidad es clave para que las instituciones financieras justifiquen sus decisiones ante los reguladores y aseguren la transparencia en los procesos de evaluación crediticia.
- **Árboles de Decisión y Random Forest**: Estos algoritmos crean un modelo basado en una serie de reglas de decisión, que son útiles para identificar relaciones no lineales en los datos. Los Árboles de Decisión permiten visualizar las decisiones y sus posibles consecuencias, lo cual facilita la interpretación y justificación de las decisiones tomadas. Los Random Forest, en particular, son un conjunto de árboles de decisión que permiten mejorar la precisión mediante el uso del promedio de múltiples árboles, reduciendo así el riesgo de sobreajuste. Además, los Random Forest son menos sensibles a los valores atípicos y ofrecen una mayor robustez frente a datos ruidosos, lo cual es esencial en la evaluación del riesgo crediticio donde los datos suelen tener variabilidad.

- **Redes Neuronales**: Utilizando una arquitectura feedforward, las redes neuronales también son aplicadas en el aprendizaje supervisado para predecir la probabilidad de incumplimiento. Estas redes permiten la integración de una gran cantidad de variables y capturan patrones complejos que no pueden ser detectados mediante métodos más simples (Montalván, 2019). Además, las redes neuronales tienen la capacidad de aprender representaciones no lineales de los datos, lo cual resulta especialmente útil cuando existen interacciones complejas entre las características de los solicitantes. Esto les permite ofrecer predicciones más precisas en comparación con los modelos tradicionales, proporcionando así una ventaja significativa en la evaluación de riesgo crediticio.

El uso del aprendizaje supervisado facilita la construcción de modelos precisos que pueden predecir la probabilidad de incumplimiento basándose en patrones históricos. Sin embargo, uno de los desafíos que presenta este enfoque es la necesidad de contar con una gran cantidad de datos etiquetados, lo cual puede ser costoso y difícil de obtener, especialmente cuando se requieren datos recientes y representativos del comportamiento actual del mercado (Perales Paz, 2024).

Aprendizaje No Supervisado

El aprendizaje no supervisado, a diferencia del supervisado, no requiere datos etiquetados. En lugar de aprender una relación entre variables de entrada y una etiqueta conocida, el aprendizaje no supervisado busca identificar patrones y estructuras ocultas en los datos sin información previa sobre los resultados deseados. En el ámbito de la gestión crediticia, este tipo de aprendizaje se puede utilizar para segmentar a los solicitantes de crédito en diferentes grupos basados en similitudes de comportamiento y características demográficas.

Algunos de los algoritmos de aprendizaje no supervisado más utilizados en la gestión de crédito incluyen:

- **Clustering (agrupamiento)**: Algoritmos como K-means o DBSCAN permiten agrupar a los solicitantes de crédito en segmentos según características comunes. Por ejemplo, se pueden identificar grupos de solicitantes con perfiles similares, lo cual es útil para ofrecer productos financieros personalizados o para identificar posibles riesgos. K-means es eficaz para agrupar grandes volúmenes de datos en clusters homogéneos, mientras que DBSCAN es particularmente útil para detectar patrones en presencia de ruido o valores atípicos, lo cual es crucial en la gestión crediticia donde la calidad de los datos puede ser variable. Además, el uso del clustering permite identificar subgrupos que presentan riesgos específicos, facilitando una gestión proactiva y personalizada del riesgo.

- **Análisis de Componentes Principales (PCA)**: Esta técnica de reducción de dimensionalidad permite simplificar grandes conjuntos de datos eliminando la redundancia, lo cual facilita la identificación de patrones importantes sin perder demasiada información. En la gestión crediticia, PCA se utiliza para reducir el número de variables y hacer que el modelo sea más eficiente. Además, PCA ayuda a mejorar la velocidad de entrenamiento de los modelos y a reducir el riesgo de sobreajuste, ya que al trabajar con un número menor de variables relevantes, se minimiza la complejidad del modelo y se evita que este se ajuste demasiado a los datos de entrenamiento. Esto resulta particularmente valioso en la gestión crediticia, donde se manejan grandes volúmenes de datos y es esencial identificar las características más influyentes para la toma de decisiones.

El aprendizaje no supervisado es particularmente valioso cuando se trabaja con datos no estructurados o cuando se desconoce a priori qué características son las más relevantes para el análisis. En la gestión del riesgo crediticio, permite descubrir grupos o patrones emergentes que podrían no haber sido considerados con anterioridad, lo cual puede mejorar significativamente la segmentación de clientes y la personalización de ofertas (Hernández y Vásquez, 2023). Además, al identificar patrones ocultos en los datos, el aprendizaje no supervisado facilita la identificación de nuevos factores de riesgo que pueden no ser evidentes a simple vista, permitiendo una evaluación del riesgo más proactiva y precisa. Esto ayuda a las instituciones financieras a desarrollar estrategias adaptativas para diferentes perfiles de clientes y a mejorar la efectividad de las políticas de mitigación de riesgo.

Comparativa y Aplicación Combinada

Aunque el aprendizaje supervisado y no supervisado se utilizan para propósitos diferentes, ambos pueden ser complementarios en el contexto de la gestión crediticia. Por ejemplo, el aprendizaje no supervisado puede emplearse primero para segmentar a los clientes en grupos basados en características comunes, y luego, el aprendizaje supervisado puede ser utilizado para construir modelos predictivos específicos para cada grupo. Esta combinación mejora la precisión de los modelos y permite ofrecer productos financieros más adecuados a las necesidades y perfiles de cada segmento de clientes.

El uso de estos algoritmos en la gestión crediticia ha permitido a las instituciones financieras mejorar tanto la precisión como la eficiencia en la toma de decisiones. Sin embargo, la correcta implementación de estos métodos requiere una infraestructura tecnológica adecuada y un acceso a datos de calidad, así como un entendimiento profundo de las limitaciones y potenciales sesgos que puedan introducir los modelos. La combinación de ambos tipos de aprendizaje, junto con técnicas avanzadas de preprocesamiento de datos, constituye una de las estrategias más efectivas para optimizar la evaluación del riesgo crediticio y asegurar una gestión responsable de los recursos financieros (Fernández y Torres, 2024).

Preprocesamiento de datos y su importancia en la predicción de riesgos.

El preprocesamiento de datos es una etapa fundamental en la construcción de modelos de aprendizaje automático, particularmente en la gestión del riesgo crediticio, donde la calidad de los datos tiene un impacto directo en la precisión de las predicciones. Antes de entrenar un modelo, los datos deben ser limpiados, transformados y normalizados para asegurar que el modelo pueda aprender de ellos de la manera más efectiva posible. A continuación, se detallan algunos de los procesos clave involucrados en el preprocesamiento de datos y su importancia en la predicción del riesgo crediticio.

Limpieza de Datos

La limpieza de datos es uno de los primeros y más importantes pasos en el preprocesamiento. Los datos de las solicitudes de crédito pueden contener valores ausentes, duplicados, errores tipográficos o inconsistencias en los formatos, lo cual puede afectar negativamente el rendimiento del modelo. Para abordar este problema, se utilizan técnicas como la imputación de valores faltantes (que puede ser realizada mediante métodos estadísticos o modelos predictivos), la eliminación de duplicados y la corrección de errores tipográficos. Además, se pueden aplicar verificaciones de integridad para asegurar la coherencia entre diferentes fuentes de datos. Estos pasos son esenciales para garantizar que el modelo se entrene con información precisa y representativa de la realidad, reduciendo así la posibilidad de sesgos y mejorando la calidad general del modelo (García López, 2024).

Normalización y Estandarización

Los datos utilizados en los modelos de riesgo crediticio suelen tener diferentes escalas. Por ejemplo, los ingresos anuales de un solicitante pueden estar en un rango de miles a millones, mientras que su edad se mide en decenas. Para evitar que las características con valores más grandes dominen el proceso de entrenamiento, se aplican técnicas de normalización y estandarización para llevar todos los valores a una escala comparable. Esto mejora la eficiencia del modelo y permite que las características relevantes tengan un peso justo en las decisiones predictivas (Rodríguez y Martínez, 2023).

Transformación de Características

En algunos casos, las variables originales deben ser transformadas para que puedan ser utilizadas efectivamente por los algoritmos de aprendizaje automático. Por ejemplo, características categóricas como el estado civil o la ocupación del solicitante deben convertirse a un formato numérico utilizando técnicas como la codificación one-hot. Además, se pueden crear nuevas características a partir de las existentes (feature engineering) para proporcionar al modelo más información relevante. Este proceso ayuda a resaltar patrones que podrían no ser evidentes en las características originales y, por lo tanto, mejora la capacidad del modelo para predecir riesgos (Hernández y Vásquez, 2023).

Manejo de Desequilibrios en los Datos

En la gestión del riesgo crediticio, el conjunto de datos puede estar desequilibrado, es decir, el número de solicitantes que han incumplido en el pasado suele ser mucho menor que el número de aquellos que han cumplido con sus pagos. Este desequilibrio puede sesgar al modelo hacia la clase mayoritaria, haciendo que sea menos efectivo para identificar posibles incumplidores. Para abordar este problema, se utilizan técnicas como el sobremuestreo de la clase minoritaria, el submuestreo de la clase mayoritaria, o el uso de algoritmos específicos que tengan en cuenta el desequilibrio, lo cual ayuda a mejorar la capacidad del modelo para identificar correctamente a los clientes de alto riesgo (Fernández y Torres, 2024).

Importancia del Preprocesamiento en la Predicción de Riesgos

El preprocesamiento de datos no solo mejora la calidad de los datos utilizados por los modelos, sino que también contribuye significativamente a la precisión y robustez de las predicciones. En el contexto del riesgo crediticio, un buen preprocesamiento puede marcar la diferencia entre un modelo que identifica adecuadamente a los solicitantes con alto riesgo de incumplimiento y uno que produce resultados sesgados o incorrectos. Además, al estandarizar los datos y manejar los desequilibrios, el preprocesamiento asegura que el modelo sea más justo y equitativo, minimizando el riesgo de discriminación o de decisiones erróneas que podrían tener consecuencias financieras significativas tanto para la institución como para los solicitantes (Perales Paz, 2024).

El preprocesamiento también facilita la reducción de la dimensionalidad de los datos, lo cual es crucial para optimizar el rendimiento del modelo y evitar el sobreajuste. La eliminación de características redundantes o irrelevantes permite que el modelo se concentre en las variables que realmente aportan valor predictivo, lo que mejora tanto la precisión como la velocidad del proceso de entrenamiento. Además, al garantizar la calidad y consistencia de los datos, el preprocesamiento contribuye a una mayor interpretabilidad del modelo, permitiendo a los analistas financieros y a los responsables de la toma de decisiones comprender mejor las razones detrás de las predicciones y actuar en consecuencia. Esto no solo mejora la confianza en el modelo, sino que también permite una mejor comunicación de los resultados a los interesados, incluyendo reguladores y clientes.

Evaluación de modelos de redes neuronales en el contexto crediticio

La evaluación de modelos de redes neuronales en el contexto del riesgo crediticio es una fase crucial para garantizar que las predicciones realizadas por los modelos sean precisas, fiables y aplicables en entornos financieros reales. A continuación, se describen algunos de los enfoques y métricas más relevantes para evaluar la efectividad de los modelos de redes neuronales en la gestión del riesgo crediticio.

Métricas de Evaluación

Las métricas de evaluación permiten medir el rendimiento de los modelos de redes neuronales en la clasificación de los solicitantes de crédito. Entre las métricas más comunes se incluyen:

- **Precisión (Accuracy)**: La precisión mide la proporción de predicciones correctas en relación con el total de predicciones realizadas. Si bien la precisión es una métrica útil, en el contexto del riesgo crediticio puede resultar engañosa si el conjunto de datos está desequilibrado, ya que un modelo que predice siempre la clase mayoritaria podría tener una alta precisión sin ser útil. Además, la precisión no proporciona información sobre los tipos de errores cometidos, como falsos positivos o falsos negativos, los cuales son especialmente relevantes en el análisis del riesgo crediticio, ya que cada tipo de error tiene diferentes implicaciones financieras y operativas para la institución.

- **Matriz de Confusión**: La matriz de confusión es una herramienta que permite evaluar el rendimiento del modelo en términos de verdaderos positivos, verdaderos negativos, falsos positivos y falsos negativos. Esto ayuda a entender mejor los errores cometidos por el modelo y a identificar posibles áreas de mejora. Además, la matriz de confusión proporciona una visión detallada de cómo el modelo clasifica los distintos casos, permitiendo analizar de manera específica el tipo de errores que ocurren con mayor frecuencia. Esto resulta fundamental en el ámbito crediticio, donde minimizar los falsos positivos y falsos negativos tiene un impacto directo en la eficiencia y rentabilidad de la institución financiera.

- **Precisión y Recall**: La precisión (precision) indica cuántos de los casos predichos como positivos realmente lo son, mientras que el recall mide cuántos de los casos positivos reales fueron correctamente identificados por el modelo. En el contexto del riesgo crediticio, estas métricas ayudan a evaluar cuántos clientes de alto riesgo fueron correctamente identificados, así como el costo potencial de no identificar algunos de ellos. Un valor alto de precisión reduce el número de falsos positivos, lo cual es crucial para evitar otorgar créditos a clientes que no podrán cumplir con sus obligaciones. Por otro lado, un valor alto de recall asegura que la mayoría de los clientes de alto riesgo sean identificados, minimizando el riesgo de incumplimientos no detectados. Estas métricas, cuando se usan conjuntamente, permiten alcanzar un balance adecuado entre minimizar el riesgo crediticio y maximizar las oportunidades de otorgar crédito a buenos solicitantes.

- **Curva ROC y AUC (Área Bajo la Curva)**: La curva ROC muestra la relación entre la tasa de verdaderos positivos y la tasa de falsos positivos a diferentes umbrales de decisión. El AUC (Área Bajo la Curva) mide la capacidad del modelo para distinguir entre las clases positiva y negativa. Un valor alto de AUC indica que el modelo tiene una buena capacidad para discriminar entre los solicitantes que cumplen con sus pagos y los que no.

- **F1-Score**: El F1-score es la media armónica entre la precisión y el recall. Esta métrica es especialmente útil cuando existe un desequilibrio significativo entre las clases, ya que proporciona una evaluación más equilibrada del rendimiento del modelo.

Figura 6: Evaluación de Modelos de Riesgo Crediticio

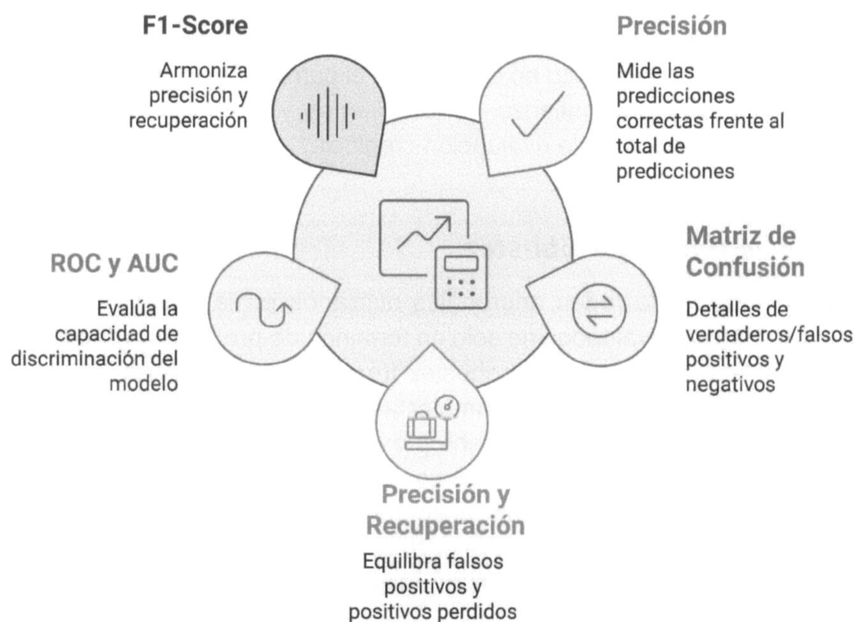

Fuente: Elaboración Propia

Validación Cruzada

La validación cruzada es una técnica utilizada para evaluar la robustez del modelo y su capacidad para generalizar a nuevos datos. En la gestión del riesgo crediticio, se utiliza la validación cruzada para dividir el conjunto de datos en múltiples particiones, entrenando el modelo en algunas de ellas y evaluándolo en otras. Esto permite asegurar que el rendimiento del modelo no dependa únicamente de una partición específica de los datos, mejorando así la confianza en su capacidad de generalización.

Importancia de la Interpretabilidad

En el contexto financiero, la interpretabilidad de los modelos es un aspecto clave en la evaluación de redes neuronales. Las instituciones financieras deben ser capaces de explicar por qué un modelo ha tomado una determinada decisión, especialmente cuando se niega un crédito. Para mejorar la interpretabilidad, se pueden utilizar técnicas como LIME (Local Interpretable Model-agnostic Explanations) y SHAP (SHapley Additive exPlanations), que permiten analizar el impacto de cada característica en las predicciones del modelo. Esto no solo facilita el cumplimiento regulatorio, sino que también mejora la confianza de los clientes y otros interesados en la transparencia del proceso de evaluación crediticia.

Pruebas de Estrés y Robustez

Los modelos de redes neuronales utilizados en la gestión del riesgo crediticio deben ser evaluados no solo en términos de precisión y rendimiento, sino también en términos de su robustez frente a situaciones adversas. Las pruebas de estrés consisten en someter al modelo a escenarios extremos, como crisis económicas o cambios abruptos en los perfiles de los solicitantes, para verificar cómo se comporta bajo condiciones desfavorables. Estas pruebas son fundamentales para asegurar que el modelo sea capaz de mantener un rendimiento aceptable incluso en circunstancias imprevistas, garantizando así la estabilidad de la institución financiera.

Coste de los Errores de Clasificación

En la evaluación de modelos de redes neuronales para el riesgo crediticio, es importante considerar el costo asociado a los errores de clasificación. No todos los errores tienen el mismo impacto: un falso positivo (aprobar un crédito a un cliente que no puede pagarlo) tiene consecuencias financieras diferentes a un falso negativo (rechazar a un cliente que sí podría haber cumplido con sus obligaciones). Por lo tanto, la evaluación debe incluir un análisis de costos para minimizar el impacto financiero de los errores cometidos por el modelo y asegurar una toma de decisiones óptima para la institución.

La evaluación integral de los modelos de redes neuronales en el contexto crediticio permite garantizar que estos sean precisos, interpretables, robustos y eficientes en la predicción de riesgos. Esto no solo mejora la calidad de las decisiones crediticias, sino que también contribuye a la estabilidad financiera de la institución y a una mejor experiencia para los clientes.

Capítulo 3

Implementación y Desafíos en el Uso de Redes Neuronales para la Gestión de Crédito

Cómo implementar una red neuronal en sistemas de crédito

La implementación de redes neuronales en sistemas de crédito requiere una combinación de conocimientos técnicos y prácticos, así como una infraestructura adecuada. Esto incluye tanto el hardware necesario para manejar grandes volúmenes de datos como las plataformas de software que permitan implementar y optimizar los modelos de manera eficiente. Además, es fundamental contar con un equipo multidisciplinario que incluya expertos en ciencia de datos, ingenieros de software, y especialistas en crédito para garantizar que todas las etapas del proceso sean adecuadamente abordadas como se muestra en la siguiente figura.

Figura 7: Implementacion de Redes Neuronales en Sistemas de Credito

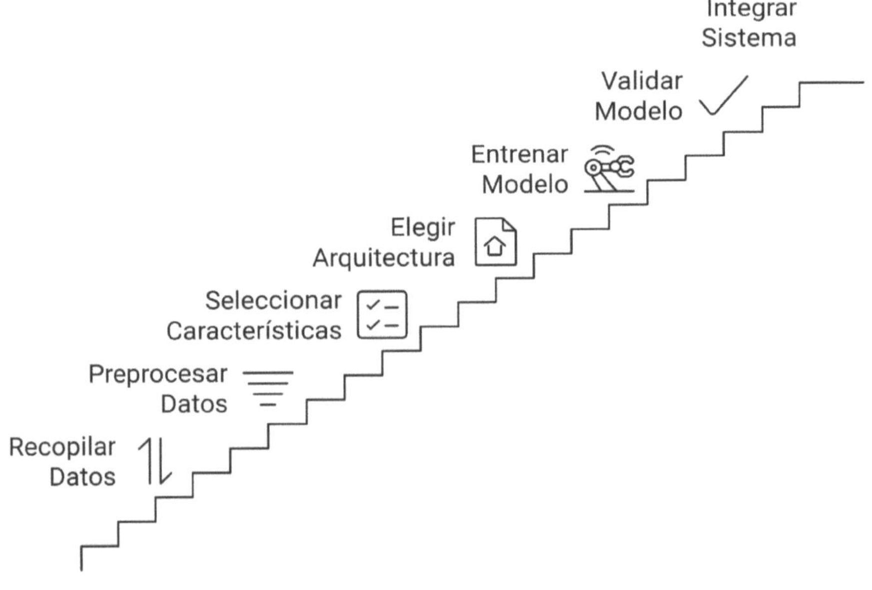

Fuente: Elaboración Propia

Para comenzar, se debe definir claramente el problema que se desea resolver, ya sea la predicción de incumplimientos, la clasificación de clientes, la estimación de riesgos o incluso la identificación de patrones de comportamiento anómalo. Esta definición debe involucrar tanto a los expertos del área técnica como a los del dominio financiero para asegurar que los objetivos del modelo sean coherentes con las necesidades del negocio.

A continuación, es esencial recopilar datos históricos de los solicitantes de crédito, los cuales servirán como base para entrenar el modelo. Estos datos deben ser exhaustivos e incluir características financieras, demográficas, y comportamentales, como ingresos, historial de crédito, patrones de pago, nivel de endeudamiento, y relaciones previas con la institución financiera (Villamil Bahamón, 2013). Es importante también considerar la inclusión de datos alternativos, como el comportamiento en redes sociales o patrones de uso de servicios públicos, que puedan complementar la evaluación tradicional del riesgo crediticio.

El proceso de recolección de datos debe seguir estrictos protocolos de calidad para garantizar que la información sea confiable y representativa. Esto implica la eliminación de valores atípicos o inconsistentes, la imputación de valores faltantes y la normalización de las variables para asegurar la consistencia entre los distintos conjuntos de datos utilizados.

El primer paso es el preprocesamiento de los datos, asegurándose de que estén limpios, normalizados y libres de valores inconsistentes. Este proceso implica varias etapas clave, como la imputación de valores faltantes, la eliminación de datos duplicados y la transformación de variables categóricas en formatos adecuados para ser procesados por la red neuronal, como la codificación one-hot. También es importante normalizar los datos para asegurar que todas las variables estén en la misma escala, lo cual facilita el entrenamiento del modelo y evita que algunas características dominen sobre otras debido a su rango numérico.

Posteriormente, se debe realizar una selección de características para reducir la dimensionalidad del conjunto de datos y mantener solo las variables más relevantes. Esto puede implicar el uso de técnicas como el Análisis de Componentes Principales (PCA) o la selección basada en la importancia de las características. La calidad del preprocesamiento tiene un impacto significativo en la precisión y la capacidad de generalización del modelo.

Una vez completado el preprocesamiento, se elige la arquitectura de la red neuronal más adecuada según el problema: una red feedforward para problemas de clasificación básicos, o una red recurrente para capturar patrones temporales en los datos de comportamiento de pago. En algunos casos, se pueden utilizar redes neuronales convolucionales (CNN) para extraer características complejas, especialmente cuando los datos de entrada tienen cierta estructura espacial, como puede ser el análisis de documentos financieros escaneados (Basogain Olabe, 2014). La selección de la arquitectura es un paso crítico, ya que debe alinearse con el tipo de datos y el objetivo del análisis para maximizar la eficiencia y precisión del modelo.

Una vez diseñada la arquitectura, se procede al entrenamiento del modelo utilizando algoritmos de optimización, como el descenso de gradiente, y funciones de costo, como la entropía cruzada, para ajustar los pesos de la red. El entrenamiento implica alimentar los datos al modelo y ajustar los pesos en cada iteración para minimizar la diferencia entre las predicciones y los valores reales. Este proceso se realiza mediante múltiples épocas, que permiten que el modelo aprenda patrones complejos a lo largo del tiempo.

La implementación requiere también la selección de hiperparámetros óptimos, como el número de capas ocultas, el número de neuronas por capa, la tasa de aprendizaje, el tamaño del batch, y el número de épocas. La elección de estos hiperparámetros es crucial para lograr un buen desempeño del modelo. Por ejemplo, una tasa de aprendizaje demasiado alta puede llevar a que el modelo no converja correctamente, mientras que una tasa demasiado baja puede resultar en un entrenamiento excesivamente lento.

Otro aspecto importante es el uso de técnicas de regularización, como la regularización L2 o dropout, para prevenir el sobreajuste, que ocurre cuando el modelo aprende demasiado bien los detalles y ruidos de los datos de entrenamiento y, por lo tanto, pierde capacidad de generalización. La regularización L2 agrega un término de penalización al costo total del modelo que depende de la magnitud de los pesos, lo que ayuda a mantener los pesos bajo control y evita la complejidad excesiva del modelo. Por otro lado, dropout implica la desactivación aleatoria de neuronas durante el entrenamiento, lo que fuerza al modelo a ser más robusto y menos dependiente de ciertas neuronas específicas.

El uso de validación cruzada también es fundamental para evaluar el rendimiento del modelo y ajustar los hiperparámetros de manera iterativa para obtener el mejor rendimiento posible sin incurrir en sobreajuste. En particular, la validación cruzada k-fold es una técnica ampliamente utilizada, donde el conjunto de datos se divide en k subconjuntos, y el modelo se entrena k veces, utilizando un subconjunto diferente para la validación en cada ocasión. Esto permite obtener una evaluación más robusta y asegura que el modelo tenga un buen desempeño en diferentes divisiones del conjunto de datos.

Además de estas técnicas, se pueden implementar métodos como early stopping, que detiene el entrenamiento cuando el rendimiento en el conjunto de validación deja de mejorar, evitando así que el modelo continúe ajustándose a ruidos en los datos. Todas estas técnicas combinadas permiten construir un modelo que no solo tiene un buen rendimiento en los datos de entrenamiento, sino que también generaliza bien a nuevos datos, lo cual es crucial en el contexto de la gestión de riesgo crediticio.

El proceso de entrenamiento también puede beneficiarse del uso de técnicas avanzadas como el ajuste dinámico del learning rate, utilizando algoritmos como Adam (Adaptive Moment Estimation) o RMSprop (Root Mean Square Propagation). Estos algoritmos ajustan la tasa de aprendizaje durante el proceso de entrenamiento, lo cual permite al modelo converger de manera más rápida y evitar quedar atrapado en mínimos locales. Adam combina las ventajas del descenso de gradiente con momento y la adaptabilidad del learning rate, mientras que RMSprop adapta el tamaño del paso basándose en la media de los gradientes recientes, lo cual resulta particularmente útil en problemas con alta variabilidad.

Además, la inicialización adecuada de los pesos es fundamental para acelerar la convergencia y evitar problemas como el desvanecimiento o la explosión del gradiente, especialmente en redes profundas. Técnicas como la inicialización Xavier o la inicialización He permiten distribuir los pesos de manera óptima, favoreciendo un flujo constante de gradientes a lo largo de la red.

El monitoreo constante de métricas de rendimiento, como la pérdida (loss) y la precisión (accuracy), durante el entrenamiento permite identificar problemas de manera temprana y realizar ajustes necesarios en la arquitectura o los hiperparámetros. Esto también incluye el monitoreo de métricas de validación para detectar si el modelo está comenzando a sobreajustarse a los datos de entrenamiento. Al identificar estos problemas de manera proactiva, se pueden implementar estrategias como la modificación de la tasa de aprendizaje, el ajuste del número de capas ocultas o la aplicación de técnicas de regularización adicionales para mejorar el rendimiento general del modelo (Pérez Ramírez & Fernández Castaño, 2007).

Finalmente, el modelo entrenado se debe integrar en el sistema de gestión de crédito, asegurándose de que se pueda acceder a él en tiempo real para tomar decisiones sobre solicitudes de crédito. Esta integración debe ser robusta y garantizar la seguridad de los datos, ya que la información financiera es sumamente sensible (Ladino Becerra, 2014). Es esencial que la integración se realice teniendo en cuenta la eficiencia operativa y la escalabilidad del sistema, permitiendo que el modelo pueda manejar un volumen creciente de solicitudes sin pérdida de rendimiento.

Para asegurar una integración exitosa, se deben tener en cuenta varias buenas prácticas, tales como se muestra en la figura:

Figura 8:Integracion Exitosa del Modelo

Fuente: Elaboración Propia

- **Pruebas de integración exhaustivas**: Realizar pruebas exhaustivas para asegurar que el modelo funcione correctamente cuando se integre con los sistemas existentes. Esto incluye pruebas de estrés para garantizar que el sistema pueda manejar altos volúmenes de solicitudes.

- **Monitoreo en tiempo real**: Implementar herramientas de monitoreo que permitan verificar el rendimiento del modelo en producción. Esto ayudará a identificar rápidamente cualquier problema o anomalía que pueda surgir durante el uso del modelo en situaciones reales.
- **Mantenimiento y actualización periódica**: Planificar la actualización regular del modelo para asegurarse de que continúe siendo relevante frente a los cambios en el comportamiento de los solicitantes o en las condiciones del mercado.
- **Gestión de logs y trazabilidad**: Implementar un sistema de registro (logging) detallado para todas las predicciones realizadas por el modelo. Esto no solo ayuda en el monitoreo del rendimiento, sino que también proporciona una trazabilidad esencial en caso de auditorías o análisis posteriores.
- **Controles de seguridad y privacidad**: Asegurar que el sistema cumpla con todos los requisitos de seguridad y privacidad de datos, incluyendo el cifrado de información sensible y la autenticación robusta para evitar accesos no autorizados.
- **Interfaces de programación de aplicaciones (APIs) bien diseñadas**: Utilizar APIs bien diseñadas y documentadas para integrar el modelo de manera eficiente con otros sistemas del flujo de trabajo de crédito, garantizando una comunicación fluida y reduciendo la posibilidad de errores.
- **Redundancia y recuperación ante fallos**: Implementar mecanismos de redundancia y recuperación ante fallos para garantizar que el sistema sea resistente y pueda seguir funcionando incluso en caso de problemas técnicos.
- **Evaluación continua del desempeño**: Mantener un ciclo constante de evaluación del desempeño del modelo utilizando métricas de precisión, recall, y F1-score. Esto permitirá realizar ajustes oportunos en el modelo para mantener su efectividad.

Desafíos y limitaciones en la implementación de redes neuronales

La implementación de redes neuronales en la gestión de crédito no está exenta de desafíos y limitaciones, muchos de los cuales afectan tanto la viabilidad como la eficacia de estos modelos. Uno de los principales desafíos es la calidad y cantidad de los datos. Las redes neuronales requieren grandes volúmenes de datos para ser entrenadas adecuadamente, y estos datos deben ser de alta calidad para garantizar la precisión del modelo. Para que los modelos de redes neuronales sean efectivos, es fundamental contar con datos que representen con precisión las características y comportamientos de los solicitantes de crédito. La calidad de los datos no solo implica la ausencia de errores, sino también la relevancia y actualidad de la información utilizada. En el contexto del crédito, la recopilación de datos confiables y completos puede ser un desafío, ya que a menudo se depende de múltiples fuentes que pueden tener inconsistencias, datos faltantes, o incluso sesgos inherentes a los sistemas de recolección (Villamil Bahamón, 2013).

Además, los datos deben ser suficientemente diversos para capturar una amplia variedad de perfiles de solicitantes de crédito. La falta de diversidad en los datos de entrenamiento puede conducir a modelos que no generalizan bien, especialmente cuando se enfrentan a solicitudes de crédito provenientes de poblaciones que no fueron bien representadas en los datos iniciales. Por ejemplo, si los datos de entrenamiento están sesgados hacia un grupo específico de solicitantes, como aquellos con altos ingresos o residentes de áreas urbanas, el modelo resultante podría no ser capaz de evaluar correctamente a solicitantes de ingresos más bajos o de áreas rurales. Esto resulta en decisiones financieras potencialmente injustas y discriminatorias.

Este desafío se agrava cuando existen restricciones en la disponibilidad de datos históricos, ya sea debido a la falta de digitalización, la naturaleza fragmentada de los datos financieros, o la falta de acceso a ciertos segmentos de datos debido a políticas de privacidad. Además, los datos de ciertas minorías o grupos marginados pueden no estar disponibles o ser insuficientes, lo cual incrementa el riesgo de que el modelo desarrolle un sesgo sistemático. La diversidad de los datos también debe considerar factores como género, etnia, ubicación geográfica, y nivel socioeconómico para garantizar que el modelo tenga un enfoque inclusivo y equitativo en la evaluación del riesgo crediticio.

Para abordar este problema, es crucial implementar estrategias de recopilación de datos más inclusivas que consideren la diversidad de perfiles de los solicitantes. Esto puede incluir la colaboración con organizaciones comunitarias y el uso de datos alternativos que puedan representar mejor a poblaciones subrepresentadas. Además, se pueden utilizar técnicas de aumento de datos, que implican la generación de datos sintéticos para equilibrar las diferencias en las muestras de entrenamiento, con el objetivo de reducir el sesgo y mejorar la capacidad del modelo para generalizar a diferentes perfiles de solicitantes.

La integración de fuentes de datos alternativas, como información de redes sociales, patrones de consumo, o comportamientos financieros no tradicionales, podría mejorar la calidad y diversidad de los datos. Las redes sociales, por ejemplo, pueden ofrecer información en tiempo real sobre el comportamiento y la situación socioeconómica de los solicitantes, como cambios en el empleo, actividades recientes o patrones de consumo. Sin embargo, el uso de estos datos presenta desafíos considerables relacionados con la privacidad, ya que la recopilación y uso de datos provenientes de redes sociales pueden violar la confidencialidad de los usuarios si no se gestionan adecuadamente. Además, existen preocupaciones sobre la validez de estos datos, ya que la información en redes sociales puede ser manipulada o no representar de manera precisa el comportamiento financiero real de una persona.

Otro desafío importante es la consistencia y la normalización de los datos provenientes de múltiples fuentes. Las fuentes alternativas, como datos de transacciones móviles, datos de sensores IoT (Internet of Things), o incluso datos sobre el comportamiento de navegación en línea, pueden proporcionar información valiosa sobre los patrones de comportamiento de los solicitantes de crédito. Sin embargo, estos datos suelen estar en formatos muy variados y deben ser unificados para que puedan ser utilizados de manera efectiva en el modelo predictivo. Esto requiere un proceso intensivo de transformación y limpieza de datos para asegurar que toda la información sea compatible y esté alineada con los objetivos del modelo.

Además, los datos alternativos también deben ser validados para garantizar su fiabilidad y evitar la introducción de ruido en el modelo, lo cual podría disminuir su rendimiento. Estos desafíos deben ser abordados mediante un riguroso preprocesamiento y validación de los datos, asegurando que cada fuente sea confiable y contribuya de manera positiva al rendimiento del modelo. El uso de técnicas de validación cruzada y la participación de expertos humanos para verificar la calidad de los datos recopilados son estrategias esenciales para mitigar los riesgos asociados a la integración de estas nuevas fuentes.

Un desafío significativo relacionado con la implementación de redes neuronales es la complejidad computacional, especialmente en el caso de las redes profundas con múltiples capas ocultas. El entrenamiento de estas redes puede ser extremadamente costoso en términos de tiempo y recursos computacionales, ya que requieren una gran cantidad de procesamiento para ajustar los millones de parámetros involucrados. Esto representa una barrera considerable para las instituciones financieras pequeñas o medianas que no cuentan con la infraestructura tecnológica necesaria, como servidores con GPUs o acceso a plataformas de computación en la nube, para entrenar y mantener estos modelos de manera eficiente (Basogain Olabe, 2014).

La necesidad de hardware especializado, como unidades de procesamiento gráfico (GPUs) o incluso unidades de procesamiento tensorial (TPUs), es un desafío adicional que incrementa los costos de implementación. Además, la falta de acceso a plataformas de computación en la nube que puedan proporcionar estos recursos bajo demanda limita la capacidad de muchas organizaciones para experimentar y escalar el uso de redes neuronales en la evaluación de riesgos crediticios. Esta barrera tecnológica también se refleja en la falta de personal capacitado para manejar estas infraestructuras y optimizar los modelos, lo cual agrega una dificultad adicional.

Para superar estos desafíos, es fundamental considerar estrategias como el uso de modelos más livianos o técnicas de transferencia de aprendizaje que permitan reducir los requerimientos computacionales. Además, la colaboración con proveedores de servicios en la nube puede ayudar a las instituciones a acceder a los recursos necesarios de manera más rentable y flexible. Sin embargo, estas soluciones requieren una planificación cuidadosa para garantizar la eficiencia y la sostenibilidad a largo plazo de la infraestructura utilizada.

Un reto crítico al utilizar redes neuronales es garantizar que el modelo no dependa en exceso de los datos con los que fue entrenado, un fenómeno conocido como sobreajuste. Debido a la capacidad de las redes neuronales para aprender patrones complejos, existe un riesgo significativo de que el modelo aprenda demasiado bien los detalles específicos de los datos de entrenamiento, incluyendo el ruido y las peculiaridades que no son generalizables. Como resultado, cuando se utiliza el modelo con nuevos datos, este puede fallar al no reconocer patrones diferentes, llevando a predicciones inexactas.

Por ejemplo, si un modelo está entrenado solo con datos de solicitantes de crédito que provienen de un contexto económico particular, como un periodo de estabilidad, puede tener dificultades para hacer predicciones precisas en situaciones diferentes, como una recesión. Este fenómeno de sobreajuste se produce porque el modelo se vuelve extremadamente bueno en predecir el conjunto de datos con el que fue entrenado, pero pierde flexibilidad para adaptarse a nuevos contextos.

Para mitigar este problema, se utilizan técnicas como la regularización, que penaliza la complejidad excesiva del modelo al añadir términos de penalización en la función de costo, y la validación cruzada, que permite evaluar el rendimiento del modelo en diferentes subconjuntos de datos para asegurar que generalice bien. Además, técnicas como el dropout, que desactiva aleatoriamente algunas neuronas durante el entrenamiento, pueden ayudar a mejorar la capacidad del modelo para generalizar, reduciendo el riesgo de que aprenda patrones específicos de los datos de entrenamiento. Sin embargo, estos enfoques no siempre son suficientes, especialmente si los datos de entrenamiento son limitados o carecen de la diversidad necesaria, lo cual puede comprometer la robustez del modelo (Pérez Ramírez & Fernández Castaño, 2007).

Otro problema relacionado es la opacidad de los modelos de redes neuronales. Estos modelos se consideran "cajas negras", ya que la complejidad de sus capas internas dificulta la interpretación de cómo se llega a una decisión particular. En el ámbito de la gestión de crédito, esto representa un problema importante, ya que las decisiones financieras deben ser explicables y transparentes, tanto para los solicitantes como para los reguladores (Ladino Becerra, 2014). Esta falta de interpretabilidad puede generar desconfianza tanto a nivel institucional como para los clientes, lo cual puede obstaculizar la adopción de estas tecnologías.

Por último, se encuentran las barreras regulatorias y éticas. La adopción de redes neuronales en la gestión de crédito implica tratar con datos sensibles de los solicitantes, lo cual está sujeto a regulaciones de privacidad y protección de datos. Además, la posibilidad de sesgos en los datos de entrenamiento puede llevar a resultados discriminatorios, lo cual tiene implicaciones legales y éticas. Asegurar el cumplimiento de estas normativas y garantizar un tratamiento justo y equitativo de todos los solicitantes son desafíos que deben abordarse cuidadosamente. Por ejemplo, deben implementarse mecanismos para auditar el modelo en busca de posibles sesgos y establecer protocolos de mitigación para corregir cualquier problema identificado (Herrera Ortega, 2023).

Consideraciones éticas y regulatorias en el uso de inteligencia artificial para el crédito

La aplicación de redes neuronales en la evaluación del riesgo crediticio plantea una serie de consideraciones éticas y regulatorias que deben ser abordadas para garantizar que estas tecnologías se utilicen de manera justa y responsable. Estas consideraciones abarcan diferentes áreas clave que deben ser cuidadosamente analizadas y gestionadas.

Privacidad de los datos

La privacidad de los datos de los solicitantes es una preocupación fundamental. Los modelos de redes neuronales requieren grandes volúmenes de datos personales para entrenarse, lo cual plantea riesgos relacionados con la protección de la información. Es necesario garantizar que los datos recolectados estén protegidos contra accesos no autorizados y se utilicen únicamente para los fines estipulados. Esto implica cumplir con regulaciones como el Reglamento General de Protección de Datos (GDPR) en la Unión Europea, que establece estrictas normas sobre la recopilación, almacenamiento y uso de datos personales (Herrera Ortega, 2023).

Además, es importante asegurar que la recopilación de datos se haga bajo el consentimiento explícito de los solicitantes, quienes deben ser plenamente informados sobre cómo se utilizarán sus datos y los derechos que tienen sobre ellos, tales como el derecho a solicitar la eliminación de su información. Este enfoque no solo es necesario para el cumplimiento de la normativa, sino que también fortalece la confianza entre los clientes y las instituciones financieras.

El uso de datos alternativos, como la información proveniente de redes sociales o transacciones de consumo, presenta desafíos específicos relacionados con la privacidad. Aunque estos datos pueden ofrecer información valiosa para evaluar el riesgo crediticio de una manera más completa, su recopilación debe realizarse con especial atención para proteger la privacidad de los individuos. Las instituciones financieras deben implementar políticas estrictas sobre la utilización de estos datos, asegurándose de que cualquier uso esté alineado con las expectativas de privacidad de los solicitantes y cumpla con las normativas vigentes. Además, es importante tener en cuenta que estos datos pueden ser particularmente sensibles y no siempre reflejar un contexto financiero preciso, lo cual requiere un tratamiento responsable y transparente.

La implementación de técnicas avanzadas de anonimización y encriptación es otra práctica crucial para proteger la privacidad de los datos. La anonimización asegura que los datos personales no puedan ser rastreados hasta individuos específicos, mientras que la encriptación protege la información durante su transmisión y almacenamiento. Estas prácticas son fundamentales para minimizar los riesgos de filtraciones de datos y asegurar el manejo responsable de la información personal.

Equidad en las decisiones crediticias

La equidad en las decisiones crediticias es una consideración fundamental, especialmente debido al potencial de las redes neuronales para perpetuar o amplificar sesgos presentes en los datos de entrenamiento. Estos modelos, al ser complejos, pueden aprender patrones sesgados si los datos reflejan desigualdades existentes en la sociedad, como diferencias de trato hacia ciertos grupos según su género, etnia o nivel socioeconómico. Esto podría llevar a decisiones discriminatorias, donde ciertos grupos de solicitantes sean sistemáticamente desfavorecidos en los procesos de evaluación de crédito, afectando tanto su acceso a servicios financieros como su bienestar económico.

Para mitigar este riesgo, es esencial implementar mecanismos de auditoría y control de los modelos. Estos mecanismos deben permitir la detección y corrección de posibles sesgos durante el entrenamiento y la fase de producción del modelo. Por ejemplo, una práctica recomendada es evaluar periódicamente el desempeño del modelo en diferentes segmentos de la población para identificar si existen disparidades en las tasas de aprobación entre grupos específicos. Esta evaluación constante permite ajustar los parámetros y mejorar la equidad del modelo.

Además, es esencial garantizar que los modelos sean auditables para que tanto los solicitantes como los reguladores puedan tener claridad sobre cómo se toman las decisiones. La transparencia en el desarrollo y la evaluación de los modelos ayuda a identificar posibles sesgos, lo cual facilita la generación de confianza entre las instituciones financieras y sus clientes. Implementar técnicas que permitan evaluar la importancia de las características utilizadas por el modelo puede ayudar a asegurar que no existan variables que de manera implícita introduzcan discriminación (Herrera Ortega, 2023).

Otra estrategia relevante es la utilización de enfoques de mitigación de sesgos durante el preprocesamiento de datos, como la recolección de datos balanceados o el ajuste de las ponderaciones para que los grupos subrepresentados tengan una mayor visibilidad. También se pueden emplear técnicas en la etapa de entrenamiento, como la penalización de resultados sesgados, para mejorar la equidad. La implementación de estas estrategias contribuye a la creación de un sistema de evaluación crediticia más justo, en el que todos los solicitantes tengan las mismas oportunidades de ser evaluados en función de sus méritos y no por prejuicios presentes en los datos.

Explicabilidad del modelo

La explicabilidad del modelo es un componente clave que permite garantizar la transparencia y la confianza en las decisiones tomadas por redes neuronales. En el ámbito financiero, la capacidad de explicar cómo y por qué se tomó una determinada decisión es crucial, no solo para cumplir con regulaciones, sino también para mantener la confianza de los solicitantes de crédito y de las instituciones financieras. A diferencia de los modelos tradicionales, como los basados en regresión lineal, las redes neuronales suelen ser consideradas "cajas negras", ya que la complejidad de su estructura interna dificulta la interpretación del proceso de decisión.

Para abordar esta falta de interpretabilidad, es importante implementar métodos que permitan desentrañar la lógica detrás de las predicciones. Herramientas como LIME (Local Interpretable Model-agnostic Explanations) y SHAP (SHapley Additive exPlanations) son útiles en este contexto, ya que permiten identificar qué características específicas influyeron más en una decisión particular del modelo. Estas herramientas ofrecen una forma de proporcionar explicaciones comprensibles que pueden ser presentadas tanto a reguladores como a solicitantes, incrementando así el nivel de transparencia del proceso (Ribeiro, Singh, & Guestrin, 2016; Lundberg & Lee, 2017).

La utilización de estas herramientas no solo facilita la comprensión de las decisiones individuales, sino que también ayuda a identificar patrones generales en el comportamiento del modelo que podrían indicar la presencia de sesgos. Por ejemplo, si se observa que ciertos atributos, como el lugar de residencia o el género, tienen una influencia desproporcionada en las decisiones del modelo, es posible intervenir para ajustar los parámetros y asegurar una evaluación más justa.

Además, el desarrollo de modelos explicables también implica trabajar en la simplificación de las arquitecturas de red cuando sea posible, sin comprometer la precisión de las predicciones. Esto puede implicar la reducción del número de capas ocultas o el uso de arquitecturas híbridas que combinen elementos de modelos más transparentes con redes neuronales, para mejorar la capacidad de explicación de las decisiones tomadas.

Es fundamental concluir que mejorar la capacidad de explicabilidad de las redes neuronales es esencial para fomentar la confianza y garantizar el cumplimiento normativo. Esto es especialmente importante en el ámbito financiero, donde las instituciones deben justificar sus decisiones ante los reguladores y los solicitantes de crédito. El uso de herramientas como LIME (Local Interpretable Model-agnostic Explanations) y SHAP (SHapley Additive exPlanations) puede ayudar a proporcionar explicaciones comprensibles sobre las decisiones tomadas por el modelo, facilitando así un mayor grado de transparencia (Ribeiro, Singh, & Guestrin, 2016; Lundberg & Lee, 2017).

Supervisión humana y responsabilidad

La supervisión humana juega un papel crucial en la implementación de redes neuronales para la evaluación del riesgo crediticio. Si bien la inteligencia artificial puede automatizar muchos procesos, la intervención humana sigue siendo indispensable para garantizar decisiones justas y éticas. Los operadores humanos deben verificar que los resultados del modelo estén alineados con los principios de equidad y transparencia, actuando como un mecanismo de control para detectar posibles errores (Herrera Ortega, 2023).

Uno de los roles fundamentales de la supervisión humana es la revisión de los casos en los que el modelo genera resultados dudosos o atípicos. Estos casos pueden tener un impacto significativo en el bienestar financiero de los solicitantes, y la intervención humana permite evaluar si existen factores adicionales que el modelo no haya considerado adecuadamente. De esta manera, se asegura que todas las decisiones sean equilibradas y justas, evitando consecuencias negativas para ciertos grupos (Ribeiro, Singh, & Guestrin, 2016).

Además, la supervisión humana es clave para garantizar el cumplimiento normativo. Las decisiones tomadas por sistemas automatizados deben cumplir con leyes y regulaciones, como las normativas de protección de datos y directrices sobre prácticas justas de evaluación crediticia. Los operadores humanos deben ser responsables de asegurar que las decisiones estén alineadas con los estándares legales y de intervenir cuando el modelo se desvíe de estos (Lundberg & Lee, 2017).

La capacitación de los operadores es igualmente importante. Para que los operadores puedan intervenir eficazmente, deben comprender tanto las capacidades como las limitaciones de los modelos de redes neuronales. Esto incluye entender los posibles sesgos que puedan estar presentes en los datos y el funcionamiento de los algoritmos, lo cual les permitirá intervenir de manera informada y proactiva cuando sea necesario.

Por último, la responsabilidad y la supervisión humana siguen siendo esenciales. Aunque los modelos de inteligencia artificial pueden automatizar gran parte del proceso de evaluación crediticia, las decisiones finales deben ser supervisadas por seres humanos para asegurar que se estén considerando todos los factores relevantes y se esté actuando de manera justa. Los operadores deben estar capacitados para entender las limitaciones de los modelos y actuar en consecuencia, interviniendo cuando sea necesario para corregir errores o decisiones injustas.

Futuro de las redes neuronales en la industria financiera

El futuro de las redes neuronales en la industria financiera es prometedor, con numerosas oportunidades y desafíos que definirán su impacto en la gestión de riesgos crediticios y otros servicios financieros. A medida que la tecnología avanza y se acumulan mayores volúmenes de datos, se espera que las redes neuronales jueguen un papel cada vez más relevante en el análisis y toma de decisiones financieras.

Expansión de aplicaciones y mejora en la precisión de los modelos

Una de las principales tendencias para el futuro es la expansión de las aplicaciones de las redes neuronales en el sector financiero. Hoy en día, estas redes ya se utilizan para la evaluación de riesgo crediticio, la detección de fraudes, y la segmentación de clientes, pero en los próximos años podrían aplicarse también en áreas como la predicción de mercado, la gestión de activos, y la automatización de procesos financieros complejos. La capacidad de las redes neuronales para analizar datos no estructurados, como comentarios en redes sociales y otros tipos de datos alternativos, permitirá una evaluación más precisa y contextual del perfil financiero de los solicitantes de crédito.

Además, se espera una mejora constante en la precisión de los modelos debido a los avances en el desarrollo de arquitecturas más sofisticadas y el acceso a conjuntos de datos más diversos y extensos. Las arquitecturas híbridas, que combinan redes neuronales con otros enfoques algorítmicos, también están ganando terreno. Estos modelos tienen el potencial de mejorar la capacidad predictiva al aprovechar las ventajas de diferentes técnicas, como el aprendizaje supervisado y el aprendizaje profundo no supervisado.

Reducción del sesgo y mejora en la equidad

El futuro también deberá abordar los desafíos éticos que actualmente enfrentan las redes neuronales en el contexto financiero. La reducción del sesgo y la mejora en la equidad de los modelos seguirán siendo temas críticos. A medida que más empresas adopten esta tecnología, se espera que los desarrolladores se enfoquen en implementar mejores prácticas para mitigar los sesgos inherentes a los datos de entrenamiento y asegurar que las decisiones tomadas por los modelos sean justas para todos los solicitantes. El desarrollo de marcos regulatorios más estrictos podría ser una herramienta esencial para garantizar la equidad y la transparencia en el uso de estos sistemas (Herrera Ortega, 2023).

Para abordar el problema del sesgo, una estrategia clave será la integración de técnicas de explicabilidad, como LIME y SHAP, que permitan a los desarrolladores y a las partes interesadas comprender mejor cómo se generan las predicciones. Estas herramientas no solo facilitarán la auditabilidad de los modelos, sino que también ayudarán a identificar áreas donde las decisiones puedan estar siendo injustas, permitiendo ajustes antes de que los modelos sean implementados en el entorno operativo (Ribeiro, Singh, & Guestrin, 2016; Lundberg & Lee, 2017).

Avances en la interpretabilidad y la adopción generalizada

Otro aspecto relevante para el futuro es el desarrollo de modelos más interpretables. A medida que la presión regulatoria y la demanda de transparencia por parte de los clientes aumentan, será fundamental que las redes neuronales sean capaces de explicar sus decisiones de una manera comprensible para todos los involucrados. Se espera que se desarrollen métodos más avanzados para interpretar cómo las redes neuronales procesan los datos y toman decisiones, haciendo posible que incluso usuarios sin conocimientos técnicos puedan comprender los resultados del modelo y confiar en ellos.

La interpretabilidad será un factor clave en la adopción generalizada de las redes neuronales por parte de instituciones financieras. Aquellas organizaciones que consigan implementar modelos interpretables y cumplir con las expectativas de transparencia tendrán una ventaja competitiva significativa, ya que podrán establecer una mayor confianza con sus clientes y cumplir con las normativas de manera más eficaz. Además, la colaboración entre reguladores, instituciones financieras y expertos en tecnología será fundamental para fomentar la adopción segura y ética de las redes neuronales en el sector financiero.

Retos técnicos y oportunidades futuras

A pesar de las oportunidades significativas, el uso de redes neuronales en la industria financiera conlleva varios retos técnicos que deben ser abordados. Uno de los mayores desafíos es la complejidad computacional involucrada en el entrenamiento de modelos profundos, la cual demanda una gran capacidad de procesamiento y almacenamiento. Esto implica la necesidad de infraestructura especializada, como unidades de procesamiento gráfico (GPUs) y unidades de procesamiento tensorial (TPUs), que permiten realizar el entrenamiento de modelos de manera más eficiente y rápida. Estas infraestructuras pueden ser costosas y no siempre accesibles para todas las instituciones, especialmente para las más pequeñas, lo que crea una barrera importante para la adopción de estas tecnologías. Sin embargo, los avances en plataformas de computación en la nube están ayudando a democratizar el acceso a estos recursos, ofreciendo soluciones más asequibles y escalables (Lundberg & Lee, 2017).

Otro desafío técnico relevante es la necesidad de mejorar la eficiencia del entrenamiento de los modelos para reducir los tiempos y costos asociados. Actualmente, el proceso de entrenamiento puede ser extremadamente intensivo, tanto en términos de tiempo como de recursos. En este contexto, el desarrollo de técnicas como el aprendizaje federado podría revolucionar el sector. El aprendizaje federado permite entrenar modelos utilizando datos distribuidos sin la necesidad de centralizar la información, lo que no solo mejora la eficiencia, sino que también ofrece importantes beneficios en términos de privacidad y seguridad de los datos, lo cual es fundamental para la industria financiera.

Además, la gestión de datos no estructurados presenta un reto significativo. Los modelos de redes neuronales tienen el potencial de aprovechar información valiosa proveniente de fuentes no tradicionales, como redes sociales o historiales de navegación. Sin embargo, procesar y utilizar eficazmente estos datos es complejo, ya que requieren un preprocesamiento considerable para ser integrados adecuadamente en el modelo. Los avances en técnicas de procesamiento del lenguaje natural (NLP) y de análisis de sentimientos serán fundamentales para que estos datos se integren de manera efectiva, proporcionando una visión más completa y precisa del perfil crediticio de los solicitantes.

Finalmente, la integración de nuevas tecnologías, como la computación cuántica, podría ofrecer soluciones innovadoras a los problemas de escalabilidad y eficiencia en el futuro. La computación cuántica tiene el potencial de reducir significativamente el tiempo de entrenamiento y mejorar la capacidad de los modelos para analizar grandes volúmenes de datos. Aunque esta tecnología aún está en desarrollo, su avance podría cambiar radicalmente el panorama de las redes neuronales en la industria financiera, ofreciendo oportunidades para resolver algunos de los desafíos técnicos más complejos a los que se enfrenta el sector.

Colaboración entre reguladores y desarrolladores

Finalmente, el futuro de las redes neuronales en la industria financiera dependerá en gran medida de la colaboración estrecha entre desarrolladores de tecnología, instituciones financieras y reguladores. La integración profunda de estas tecnologías en la toma de decisiones financieras hará necesario que se establezcan estándares claros que rijan su uso, promoviendo así la ética y la seguridad en su implementación. Esta colaboración permitirá a los desarrolladores comprender las expectativas regulatorias y a los reguladores familiarizarse mejor con los aspectos técnicos de las redes neuronales, creando un marco de trabajo donde la protección del consumidor y la innovación puedan coexistir de manera equilibrada.

Los reguladores deberán involucrarse activamente en el proceso de desarrollo y despliegue de estas tecnologías, trabajando de la mano con los desarrolladores para asegurar que los sistemas de inteligencia artificial operen de manera transparente y equitativa. Esto implica la definición de lineamientos específicos para el tratamiento de los datos, la interpretabilidad de los modelos y la prevención de posibles sesgos. La colaboración también fomentará un ambiente de intercambio de conocimiento, donde las mejores prácticas puedan ser compartidas y adoptadas por diferentes actores del sector.

Además, las instituciones financieras tienen un papel fundamental en asegurar que las redes neuronales se apliquen con responsabilidad. Para ello, es necesario que se comprometan no solo a cumplir con las normativas establecidas, sino también a ir más allá, estableciendo políticas internas que garanticen un uso justo y ético de la tecnología. La colaboración entre todos estos actores no solo facilitará la adopción de las redes neuronales, sino que contribuirá a establecer un entorno financiero más seguro, transparente y justo para todos los involucrados, fortaleciendo así la confianza del público en la tecnología.

Referencias Bibliográficas

Aldabas-Rubira, J. (2002). *Redes Neuronales y su Aplicación en Predicciones de Consumo*. Editorial Científica de Tecnología.

Basogain Olabe, X. (2014). *Redes Neuronales Artificiales y sus Aplicaciones*. Escuela Superior de Ingeniería de Bilbao, EHU.

Del Carpio Gallegos, A. (2005). *Redes neuronales para la gestión de crédito*. Editorial Nombre.

Fernández, R., & Torres, L. (2024). *Aprendizaje supervisado y no supervisado en la evaluación del riesgo crediticio*. Editorial Nombre.

García López, H. (2024). *Limpieza de datos en el preprocesamiento para la gestión del riesgo crediticio*. Editorial Nombre.

Guerrero, W. A., Camacho-Galindo, S., Guerrero-Martin, L. E., Arévalo, J. C., de Freitas, P. P., Gómes, V. J. C., Fernandes, F. A. S., & Guerrero-Martin, C. A. (2024). Impacto de la inteligencia artificial en la toma de decisiones financieras: oportunidades y desafíos para los líderes empresariales. DYNA, 91(233), 168-177.

Hebb, D. O. (1949). The Organization of Behavior: A Neuropsychological Theory. Wiley.

Hernández, G., & Vásquez, P. (2023). *Aprendizaje no supervisado en la gestión crediticia*. Editorial Nombre.

Herrera Ortega, R. (2023). *Consideraciones Éticas en el Uso de Redes Neuronales para la Gestión de Crédito*. Editorial Universitaria.

Lundberg, S. M., & Lee, S.-I. (2017). *A Unified Approach to Interpreting Model Predictions*. Advances in Neural Information Processing Systems (NIPS).

McCulloch, W. S., & Pitts, W. H. (1943). A Logical Calculus of the Ideas Immanent in Nervous Activity. Bulletin of Mathematical Biophysics, 5, 115-133.

Melchor Pérez, S., et al. (2024). *La capa de salida en redes neuronales en el contexto financiero*. Editorial Nombre.

Méndez Araya, VE (2009). Estudio de aplicación de redes neuronales en la evaluación de riesgo crediticio (Informe final de Ingeniería Civil en Informática). Pontificia Universidad Católica de Valparaíso.

Montalván, F. (2019). *Redes neuronales aplicadas al aprendizaje supervisado.* Editorial Nombre.

Perales Paz, J. (2024). *Estructura y funcionamiento de las redes neuronales para la gestión del riesgo crediticio.* Editorial Nombre.

Pérez Ramírez, F. O., & Fernández Castaño, H. (2007). *Las Redes Neuronales y la Evaluación del Riesgo de Crédito.* Revista Ingenierías Universidad de Medellín, 6(10), 77-91.

Pérez Ramírez, L., & Fernández Castaño, R. (2007). *Retropropagación del error en redes neuronales.* Editorial Nombre.

Ramírez, J. A., & Chacón, M. I. (2011). Redes neuronales artificiales para el procesamiento de imágenes, una revisión de la última década. Revista de Ingeniería Eléctrica, Electrónica y Computación (RIEE&C), 9(1), 7-16.

Ribeiro, M. T., Singh, S., & Guestrin, C. (2016). *"Why Should I Trust You?" Explaining the Predictions of Any Classifier.* Proceedings of the 22nd ACM SIGKDD International Conference on Knowledge Discovery and Data Mining.

Rodríguez, M., & Martínez, C. (2023). *Normalización y estandarización de datos en el contexto crediticio.* Editorial Nombre.

Ruiz, L., & Basualdo, A. (2001). *La Regla de Hebb y su Aplicación en Redes Neuronales Modernas.* Editorial Científica.

Rumelhart, D. E., Hinton, G. E., & Williams, R. J. (1986). Learning Representations by Back-Propagating Errors. Nature, 323, 533-536.

Sosa Sierra, M. del C. (2007). Inteligencia artificial en la gestión financiera empresarial. Pensamiento & Gestión, (23), 153-186

Toro Ocampo, A., Mejía Giraldo, J., & Salazar Isaza, P. (2004). Título del libro o artículo. Editorial o fuente de publicación.

Van Greuning, H., & Brajovic Bratanovic, S. (2009). Análisis del riesgo bancario: Marco para valorar la gobernabilidad societaria y la administración de riesgos (3ª ed.). Banco Mundial. Ladino Becerra, I. C. (2014). *Comparación de Modelos de Riesgo de Crédito: Modelos Logísticos y Redes Neuronales.* Pontificia Universidad Javeriana.

Villamil Bahamón, R. (2013). *Modelo Predictivo Neuronal para la Evaluación del Riesgo Crediticio.* Universidad Nacional de Colombia.

Werbos, P. (1974). Beyond Regression: New Tools for Prediction and Analysis in the Behavioral Sciences. Ph.D. Dissertation, Harvard University.

Printed by Books on Demand GmbH, Norderstedt / Germany